DAS ZENTRALINSTITUT FÜR KERNPHYSIK AM BEGINN SEINER ARBEIT

Aus Anlaß der Inbetriebnahme des ersten Forschungsreaktors der Deutschen Demokratischen Republik gehaltene Vorträge

AKADEMIE-VERLAG · BERLIN

HERAUSGEGEBEN VON HEINZ BARWICH

BARWICH SCHINTLMEISTER THÜMMLER

DAS ZENTRALINSTITUT FÜR KERNPHYSIK AM BEGINN SEINER ARBEIT

Herausgegeben von

HEINZ BARWICH

Aus Anlaß der Inbetriebnahme
des ersten Forschungsreaktors
der Deutschen Demokratischen Republik
gehaltene Vorträge

AKADEMIE-VERLAG · BERLIN
1958

Erschienen im Akademie-Verlag, Berlin W 8, Mohrenstr. 39
Lizenz-Nr. 202 · 100/538/58

Gesamtherstellung: VEB Druckerei „Thomas Müntzer" Bad Langensalza
Bestell- und Verlagsnummer 5331
Printed in Germany

VORWORT

Durch einen Beschluß des Ministerrates der Deutschen Demokratischen Republik im November 1955 wurde das Zentralinstitut für Kernphysik in der Nähe von Dresden gegründet, nachdem kurz davor durch den Abschluß eines Abkommens zwischen den Regierungen der UdSSR und der DDR über die Unterstützung der DDR bei der Entwicklung der kernphysikalischen Forschung und ihrer Anwendungen in der Volkswirtschaft die Lieferung der wichtigsten apparativen Ausrüstung — eines Forschungsreaktors und eines Zyklotrons — vereinbart worden war.

Das Zentralinstitut wurde von vornherein als ein möglichst leistungsfähiges Forschungszentrum für Kernphysik und Kerntechnik projektiert und umfaßt heute fünf Bereiche, deren Arbeitsrichtungen durch ihre Benennungen charakterisiert sind: Reaktortechnik und Neutronenphysik, Physik der Atomkerne, Radiochemie, Werkstoffe und Festkörper, Technik.

Die Zentralgebäude der beiden erstgenannten Bereiche sind nach sowjetischen Projektunterlagen gebaut, die wesentlichen Ausrüstungen für den Reaktor und das Zyklotron wurden von der Sowjetunion geliefert und unter Mitwirkung sowjetischer Fachleute montiert. Während mit dem Bau der wichtigsten Gebäude Anfang 1956 begonnen wurde, begann die Montage des Reaktors im Frühjahr 1957, die des Zyklotrons einige Monate später.

Das vorliegende Heft enthält die Wiedergabe von 3 Vorträgen, welche auf einer Sitzung des Wissenschaftlichen Rates für die friedliche Anwendung der Atomenergie beim Ministerrat der Deutschen Demokratischen Republik anläßlich der Inbetriebnahme und offiziellen Übergabe des Forschungsreaktors an die Institutsleitung am 16. Dezember 1957 an der Technischen Hochschule Dresden gehalten wurden. Sie wenden sich an ein Gremium von Wissenschaftlern und Technikern der verschiedensten Fachrichtungen und sollen eine erste Information über die Möglichkeiten und die Ziele der Arbeiten zur Kernforschung und Kerntechnik des Zentralinstituts für Kernphysik geben, wobei aus äußeren Gründen die Bereiche Radiochemie und Technik hierbei nicht behandelt wurden.

Bis zur Drucklegung dieser Vorträge konnte auch die Inbetriebnahme des Zyklotrons durchgeführt werden und die geforderte Energie und Intensität eines Deuteronenstrahles nicht unerheblich überschritten werden. Somit ist der normale Forschungsbetrieb in zwei wichtigen Bereichen des Zentralinstituts für Kernphysik aufgenommen worden, während die übrigen Bereiche vorerst teilweise noch in provisorischen Laboratorien untergebracht sind und noch nicht über den vollzähligen Stab ihrer Mitarbeiter verfügen.

Der Herausgeber

INHALTSVERZEICHNIS

H. Barwich

Über den Forschungsreaktor der DDR und seine Ausnutzungsmöglichkeiten 7

J. Schintlmeister

Über das Zyklotron des Zentralinstitutes für Kernphysik und die Forschungsvorhaben im Bereich „Physik der Atomkerne“ 25

F. Thümmler

Einige kerntechnisch interessante Werkstoffprobleme 43

Über den Forschungsreaktor der DDR und seine Ausnutzungsmöglichkeiten

von Heinz Barwich

(Vortrag, gehalten in der öffentlichen Sitzung des Wissenschaftlichen Rates für die friedliche Anwendung der Atomenergie am 16. 12. 1957 in Dresden)

Meine sehr verehrten Damen und Herren!

Am 14. Dezember ds. Js. wurde der letzte Schritt zum Aufbau des ersten Forschungsreaktors der Deutschen Demokratischen Republik im Zentralinstitut für Kernphysik getan, indem die Uranstäbe in die *aktive Zone* eingesetzt wurden und die *kritische Größe* erreicht bzw. überschritten wurde.

Mit schwer zu beschreibender Spannung und innerer Erregung konnte eine kleine Gruppe von Mitarbeitern unseres Zentralinstitutes verfolgen, wie der Neutronenstrom einer in die aktive Zone eingebrachten Neutronenquelle durch den Vorgang der *Uranspaltung* in immer zunehmendem Maße verstärkt wurde, bis er schließlich, scheinbar unaufhaltsam, auch nach Entfernung der eingebrachten Neutronenquelle weiter anstieg, so daß sich zeitweise seine Stärke in 15 Sekunden verdoppelte.

Die Beobachtung dieses Effektes, dieses eindeutigen experimentellen Beweises der selbständig ablaufenden *Kettenreaktion der Kernspaltung*, hatten wir seit langer Zeit sehnlichst herbeigewünscht, und ich glaube, daß das besondere Erlebnis dieses Versuches für viele unserer Mitarbeiter die schönste Belohnung für ihre außerordentlichen Mühen, die sie beim Aufbau des Reaktors aufgewendet hatten, gewesen ist. Die grundsätzliche Bedeutung dieses außergewöhnlichen Experimentes für Wissenschaft und Technik, die dadurch in eine neue Etappe ihrer Entwicklung eingetreten sind, scheint mir heute, da das allgemeine Interesse für die Kernforschung bereits breiteste Kreise der Öffentlichkeit erfaßt hat, besonders in diesem Kreis keiner allgemeinen Erläuterung mehr zu bedürfen.

Mit der Inbetriebnahme eines Forschungsreaktors hoher Leistung, nämlich von 2000 Kilowatt, ist für unsere Deutsche Demokratische Republik nunmehr die reale Möglichkeit eröffnet, in absehbarer Zeit einen geachteten Platz in der Reihe der in der Kernforschung und Kerntechnik heute führenden Staaten der Welt zu erringen. Die Mitarbeiter unseres Institutes, die heute noch keine nennenswerten Erfahrungen auf dem neuen Arbeitsgebiet besitzen, sind fest davon überzeugt, daß auf Grund der an unserem Kernreaktor gebotenen Arbeitsmöglichkeiten der Weg zur Erreichung dieses Zieles in denkbar kürzester Frist erfolgreich zurückgelegt werden wird. Eine größere Zahl von ihnen traut sich heute bereits zu, einen Kernreaktor selbständig in Betrieb zu nehmen und zu bedienen, und ich möchte dieser optimistischen Meinung nicht entgegentreten, da sie auf gründlicher Sachkenntnis beruht. Allerdings ist diese positive Einstellung in einem erheblichen Grade auch dadurch bedingt, daß sich unser Forschungsreaktor in einer Reihe von Merkmalen wesentlich von dem Reaktormodell unterscheidet, das vor nunmehr etwa 15 Jahren von amerikanischen und kurze Zeit danach von sowjetischen Forschern erstmalig in Betrieb genommen wurde, und daß die technischen Vervollkommnungen, die das Ergebnis einer langjährigen Entwicklung im Reaktorbau veranschaulichen, seine Bedienung relativ einfach erscheinen lassen.

Vergleicht man unseren Reaktor mit dem historisch ersten Typ des *Uran-Graphit-Reaktors*, so unterscheidet er sich von ihm in zwei wesentlichen Punkten: einerseits in der *spezifischen Leistung*, die auf den beträchtlichen Wert von 45 kW pro kg Uranmetall gegenüber nur $1{,}5 \cdot 10^{-3}$ W/kg beim ersten Reaktor erhöht ist und dementsprechend in der Größe des *Neutronenflusses*, nämlich $2 \cdot 10^{13}$ Neutronen pro Quadratzentimeter und Sekunde gegenüber nur etwa 10^{7} beim ersten Versuchsreaktor, andererseits in der Art des verwendeten Spaltstoffes, der in unserem Falle *angereichertes Uran* ist, das 10% des Uranisotops der Masse 235 enthält, während damals *natürliches Uran* benutzt wurde, welches nur 0,71% dieses Isotops enthält.

Das am Isotop Uran-235 angereicherte Uran, das nach dem komplizierten Verfahren der *Isotopentrennung durch Diffusion* auf der Grundlage der wissenschaftlichen Arbeiten von G. HERTZ heute in den Vereinigten Staaten von Amerika und in der Sowjetunion in großtechnischem Maßstab hergestellt wird, stellt den eigentlichen Schatz, das kostbare Herz unserer Anlage dar.

Bevor ich zur Besprechung der physikalischen und technischen Einzelheiten unseres Forschungsreaktors und seiner Anwendungsmöglichkeiten übergehe, möchte ich ganz besonders unserer tiefen Befriedigung darüber Ausdruck geben, daß die sowjetische Regierung uns bereits vor geraumer Zeit, vor nunmehr fast 3 Jahren, dieses wertvolle Material in für Jahre ausreichender Menge und ohne einschränkende Lieferungsbedingungen angeboten und inzwischen auch überlassen hat. Und ich möchte auch an dieser Stelle nochmals im Namen aller Mitarbeiter unseres Institutes und all derer, die nunmehr in den Genuß der Ausnutzung dieser wunderschönen Anlage kommen werden, der Sowjetregierung und allen sowjetischen Mitarbeitern, die diese Anlage entwickelt, konstruiert und erprobt haben und uns bei ihrem Aufbau behilflich waren, unseren herzlichsten Dank aussprechen.

Unser Forschungsreaktor ist dem Typus nach ein *Wasser–Wasser-Reaktor* mit *angereichertem Uran* von *heterogenem Aufbau*; das bedeutet, daß das Uran in Form von Stäben, die in Aluminiumhüllen eingeschlossen sind, in der aktiven Zone gitterförmig angeordnet ist. Dieses Gitter befindet sich in einem großen Aluminiumbehälter mit gewöhnlichem Wasser. Das Wasser erfüllt hier drei verschiedene Aufgaben: die der *Neutronenbremsung*, der *Wärmeabfuhr* und des *Strahlenschutzes*. Die neutronenphysikalische Charakteristik der aktiven Zone drückt sich in einer *Neutronenbilanz* aus, die sehr stark verschieden von der im *Uran–Graphit-Reaktor* und auch der im *Schwerwasser-Reaktor* ist, wie aus Tab. 1 zu ersehen ist.

TABELLE 1

Neutronenbilanz verschiedener Reaktortypen

	nat. Uran-Graphit	WWR (10% U-235)
Ausbeute pro verbr. U-235	2,10	2,090
Einfang im U-235	1,00	1,000
Einfang im U-238	0,85	0,083
Einfang in Moderator und Kühlmittel	0,12	0,268
Verlust nach außen	0,05	0,685
Reserve	0,08	0,054
	2,10	2,090

Wir sehen, daß die Zahl der entstehenden *Spaltneutronen*, bezogen auf ein im U-235 absorbiertes Neutron, in beiden Fällen wegen der unbedeutenden Vermehrung durch Spaltungen im U-238 nur wenig verschieden ist. Es bleiben also nach Abzug des für die Fortsetzung der Reaktion notwendigen einen Neutrons in beiden Fällen noch rund 1,1 Neutron zur Deckung der verschiedenen Verlustanteile übrig. Während beim Uran-Graphit-Reaktor der überwiegende Teil dieser Verluste, nämlich 0,85 Neutronen, durch *Einfang im Uran-238* entsteht, also zur Erzeugung von *Plutonium* führt, und nur ein relativ geringer Teil, 0,12 Neutronen, in *Moderator* und *Kühlmittel* verloren geht, ist im Gegensatz hierzu bei unserem Reaktor der auf Plutoniumbildung entfallende Anteil etwa 10mal kleiner, der Einfang in Moderator und Kühlmittel wegen der höheren *Absorption* des gewöhnlichen Wassers dagegen etwa doppelt so hoch. Für die Verluste nach außen bleibt dafür in unserem Falle ein erheblicher Anteil übrig, nämlich 0,68 Neutronen, im Gegensatz zum Uran–Graphit-Reaktor, bei dem diese Verluste nur 0,05 Neutronen betragen können. Durch diesen Unterschied ist bedingt, daß der Uran–Graphit-Reaktor eine kritische Größe der „aktiven Zone" entsprechend einem Durchmesser von etwa 6 m und mehr haben muß, während diese bei unserem Reaktor bedeutend kleiner ist. Sie bildet einen Zylinder von 50 cm Höhe und etwa 50 cm Durchmesser. Unter *Reserve* sind diejenigen Anteile zu verstehen, die zu Beginn des Betriebes durch *Regelstäbe*, am Schluß desselben durch *Schlacken* und *Gifte* absorbiert werden.

Diese abweichende Bilanz ist sowohl durch die Anreicherung des Urans, die zu einer wesentlichen Verminderung des *Einfangs im Uran-238* führt, als auch durch die Eigenschaften des Wassers als Bremsmittel bedingt. Einerseits ist die *Bremsung* im Wasser besser als im Graphit, so daß der *Resonanzeinfang* der Neutronen wegen des schnelleren Durchlaufens des entsprechenden Energieintervalls verringert wird, andererseits zeigt sich jedoch auch der Nachteil des Wassers gegenüber Graphit im Hinblick auf den stärkeren *Einfang der thermischen Neutronen.*

Als wichtigstes Ergebnis des Vergleichs konstatieren wir den großen Anteil von Neutronen, die aus der Oberfläche unseres Reaktors austreten. Diese Neutronen werden hauptsächlich für die Durchführung der physikalischen Untersuchungen ausgenutzt. Sie erinnern sich, daß unser Reaktor 10 horizontale *experimentelle Kanäle* besitzt, durch die diese Neutronen in den Außenraum gelangen können. Dafür, daß fast keine Neutronen zur *Plutoniumbildung* verbraucht werden, können wir andere Elemente in der aktiven Zone bestrahlen und aus ihnen *radioaktive Isotope* herstellen. Durch diese Eigenschaften ist unser Reaktor als ein typischer Forschungsreaktor charakterisiert.

Ganz allgemein ist es bei einem Forschungsreaktor erwünscht, einen hohen Wert des *Neutronenflusses* bei möglichst geringem Uranverbrauch, was mit minimaler Gesamtwärmeleistung gleichbedeutend ist, zu erzielen. Für den Zusammenhang zwischen dem Neutronenfluß Φ, der Leistung N_{MW} (in Megawatt) und der Menge des in der aktiven Zone befindlichen Spaltmaterials M_5 (in kg) besteht die folgende Beziehung:

$$\Phi = 2 \cdot 10^{13} \frac{N_{\mathrm{MW}}}{M_5}.$$

Um einen hohen Fluß zu bekommen, kommt es also darauf an, die spezifische Wärmeleistung im Spaltmaterial nach Möglichkeit groß werden zu lassen, wobei die Gesamtmenge des eingesetzten Urans aus Gründen der Wirtschaftlichkeit möglichst klein sein sollte. Wegen der *Anreicherung* beträgt bei uns die Masse des Uran-235 nur etwa 3,5 kg, und wir erhalten nach obiger Formel einen mittleren Neutronenfluß von $\sim 10^{13}$ Neutronen pro $\mathrm{cm}^2 \cdot \mathrm{sec}$. Der maximale Fluß in der Mitte der aktiven Zone beträgt $2 \cdot 10^{13}$ Neutronen, dabei beträgt der Uranverbrauch bei maximaler Leistung des Reaktors nur 2,5 g Uran-235 pro Tag.

Man könnte nun fragen, ob die Anwendung von schwerem Wasser anstelle des gewöhnlichen Wassers als Moderator noch weitere Vorteile gebracht hätte. Es läßt sich zeigen, daß die kritische Größe unseres Reaktors in diesem Falle nicht geringer ausgefallen wäre. Dies ist trotz der geringeren Neutronenabsorption des schweren Wassers nicht verwunderlich, da die sogenannte *Migrationsfläche,* das heißt die Fläche, innerhalb welcher die Neutronen, von ihrer Entstehung an gerechnet, gebremst und absorbiert werden, bei gewöhnlichem Wasser bedeutend kleiner ist als bei schwerem Wasser. Dies ist auch einer der Gründe dafür, weshalb bei *Druckwasser-Energiereaktoren* die Anwendung von gewöhnlichem Wasser der von schwerem Wasser vorzuziehen ist. Was die notwendige Uranmenge anbetrifft, so kann sie beim Schwerwasserreaktor allerdings geringer sein. Das gewöhnliche Wasser bietet aber noch einen weiteren Vorteil, der gerade für experimentelle Anwendungen des Reaktors von Bedeutung ist, nämlich die Ausbildung einer größeren *Härte* des *Neutronenspektrums* als beim Schwerwasserreaktor. Für kernphysikalische Untersuchungen interessieren heutzutage hauptsächlich die Neutronen im *überthermischen* Energiebereich d. h. im Bereich von wenigen Elektronenvolt (eV) bis herauf zu etwa 1 MeV. Der Anteil dieser

Neutronen am Gesamtspektrum wird durch das *Kadmiumverhältnis* charakterisiert. Man kann dieses Kadmiumverhältnis einfach durch Aktivierung einer Kupferfolie im Reaktor bestimmen, indem man die Bestrahlung einmal bei Einhüllung der Detektorfolie durch Kadmium, welches die thermischen Neutronen vollständig absorbiert, und einmal ohne Bedeckung durchführt. In unserem Reaktor erhalten wir für das Verhältnis der Gesamtaktivierung zu der Aktivierung im überthermischen Bereich den Wert 13, für den D_2O-Reaktor bekäme man etwa 23 und für einen Uran–Graphit-Reaktor den Wert 33. Das bedeutet also, daß bei gleichem Gesamtfluß in unserem Reaktor mehr als der doppelte Anteil „schneller Neutronen" vorhanden ist als bei den anderen Reaktortypen. Diese Tatsache ist gerade für die Versuche der *Neutronenspektroskopie* außerordentlich vorteilhaft.

Zur Veranschaulichung der Möglichkeiten zur Erzeugung künstlich *radioaktiver Isotope* möchte ich folgendes Gedankenexperiment anführen: Stellen wir uns vor, daß alle Neutronen, die aus der aktiven Zone entweichen — das wären 0,69 pro verbrauchtes Uran–235-Atom —, durch einen die Zone umgebenden Mantel eines zu aktivierenden Stoffes eingefangen würden, und denken wir uns die Bestrahlungsdauer so groß, daß die Gleichgewichtsaktivität des gebildeten radioaktiven Stoffes erreicht wird, dann ergibt sich die Aktivität des Mantels A (in Curie) angenähert zu:

$$A \cong 0{,}69 \cdot 10^6 \, N_{\mathrm{MW}} \, .$$

Wir könnten also theoretisch eine Aktivität von etwa einer Million Curie erzielen, das heißt einen Strahler erzeugen, der etwa einer Tonne Radium äquivalent ist. Die praktischen Möglichkeiten sind natürlich wesentlich bescheidener, doch dürfte diese Betrachtung einen ungefähren Begriff von den bedeutenden Aktivierungsmöglichkeiten in unserem Reaktor geben.

Wir sehen also, daß unser Reaktor bezüglich seiner Anwendbarkeit für Forschungszwecke einige besondere Vorzüge aufweist, nämlich: einen großen Neutronenreichtum, der durch einen hohen Wert des Neutronenflusses im Innern des Reaktors und eine große Intensität des aus der aktiven Zone austretenden Neutronenstromes gekennzeichnet ist, wodurch gute Möglichkeiten zur Erzeugung radioaktiver Isotope und zur Durchführung von Experimenten gewährleistet sind. Daneben hat der Neutronenfluß einen relativ hohen Anteil schneller Neutronen. Es ist also nicht so, daß die Wahl des gewöhnlichen Wassers als Moderator aus Gründen der geringen Gestehungskosten getroffen wurde, sondern es liegen, wie wir sahen, durchaus gute Gründe dafür vor, daß diesem der Vorzug gegenüber anderen Moderatoren gegeben wurde.

Nach diesen einleitenden Betrachtungen möchte ich jetzt, um Ihnen das heute vormittag Gesehene näher zu erläutern, einige Diapositive zeigen, die technische Einzelheiten der Reaktoranlage darstellen.

Abb. 1 zeigt das technologische Schema. Im Inneren des Reaktorbehälters erkennen wir gerade noch die aktive Zone mit den Abmessungen 50×50 cm, zylinderförmig aufgebaut aus Aluminiumkörben, welche je 16 Uranstäbe aufnehmen.

Sie hatten heute Gelegenheit, das Leuchten des Wassers in dieser aktiven Zone während des Betriebes zu beobachten. Neben dem durch Eisen und Beton geschützten Reaktorbehälter sehen Sie noch einen zweiten Wasserbehälter, das Aufbewahrungsbecken für verbrauchte Brennelemente. Hier hinein können durch eine schräge Röhre unter vollkommenem Strahlenschutz Körbe mit ausgebrannten, stark radioaktiven Brennelementen befördert werden, wobei man sich zur Hantierung einer durch den Deckel hindurchgehenden Stange mit Greifvorrichtung bedient. Da diese Elemente bei dichter Packung in genügender Menge auch wieder eine aktive Zone bilden könnten, in welcher eine selbständige Kettenreaktion einsetzen könnte, müssen sie auch in diesem Behälter in ausreichendem Abstand voneinander gelagert werden. Zu diesem Zwecke ist in diesen Behälter eine besondere Aufnahmevorrichtung eingebaut, welche diesen Abstand zwischen den einzelnen Körben gewährleistet. Im Laufe der Zeit verlieren die Uranstäbe hier den größten Teil ihrer Aktivität und können dann in einem *Container* an den Ort der chemischen Aufarbeitung abtransportiert werden.

Weiter sehen wir den ersten Kühlkreislauf, in dem das destillierte Wasser durch den Reaktortank hindurchgepumpt wird, wobei es außerhalb des inneren Aluminiumzylinders hochsteigt und dann nach innen durch die aktive Zone abwärts in den Pumpenraum zurückkehrt, wo es nach Durchlaufen der Pumpen in den beiden Wärmeaustauschern seine Wärme an den zweiten Kreislauf abgibt.

Oben sehen wir die vier Reservebehälter für das Destillat zum Erneuern der Füllung des ersten Kreises. Im Nebenschluß zum ersten Kreis liegen noch zwei Apparate, welche der Aufbereitung des Wassers dienen: das *Ionenaustauscher-Filter* und der *Deaerator*. Der letztere ist ein Behälter, in dem das zersprühte Wasser durch Gegenstrombelüftung von dem Knallgas befreit wird, welches sich in der aktiven Zone durch Zersetzung des Wassers, die sogenannte *Radiolyse*, bildet. Das Ionenaustauschfilter entzieht dem Wasser die zum großen Teil aktiv gewordenen Ionen von Verunreinigungen und Korrosionsprodukten durch Adsorption und Ionenaustausch, so daß die Erneuerung des Wassers im ersten Kreis erst nach einer langen Betriebsdauer notwendig wird. Alle Räume, in welchen gas- oder staubförmige radioaktive Körper entstehen können, werden durch eine besondere Ventilationsanlage entlüftet. Durch einen 40 m hohen Schornstein gelangen dann nach Abfiltrierung der Aerosolteilchen die gasförmigen radioaktiven Stoffe in gefahrloser Verdünnung an die Außenluft.

Das nächste Bild (Abb. 2) zeigt einen Horizontalschnitt durch die aktive Zone.

Wir sehen die einzelnen Körbe, in denen jeweils 16 Uranstäbe von 1 cm Durchmesser und 50 cm Länge untergebracht sind. Insgesamt wurden zunächst 26 solcher Körbe eingebaut, in den freibleibenden Schächten des Aufnahmegitters können Behälter untergebracht werden, die der Erzeugung von radioaktiven Isotopen dienen. Weiter sehen wir die Kanäle für die *Regelungs-* und *Sicherheitsstäbe*. In einen solchen Kanal fallen im Gefahrenfalle die Sicherheitsstäbe und bringen die Kettenreaktion zum unverzüglichen Abklingen. Als Ursache für ihre Auslösung können die folgenden Signale des Schutzsystems wirksam werden: Überschreitung des am automatischen Regler eingestellten Leistungsniveaus, zu

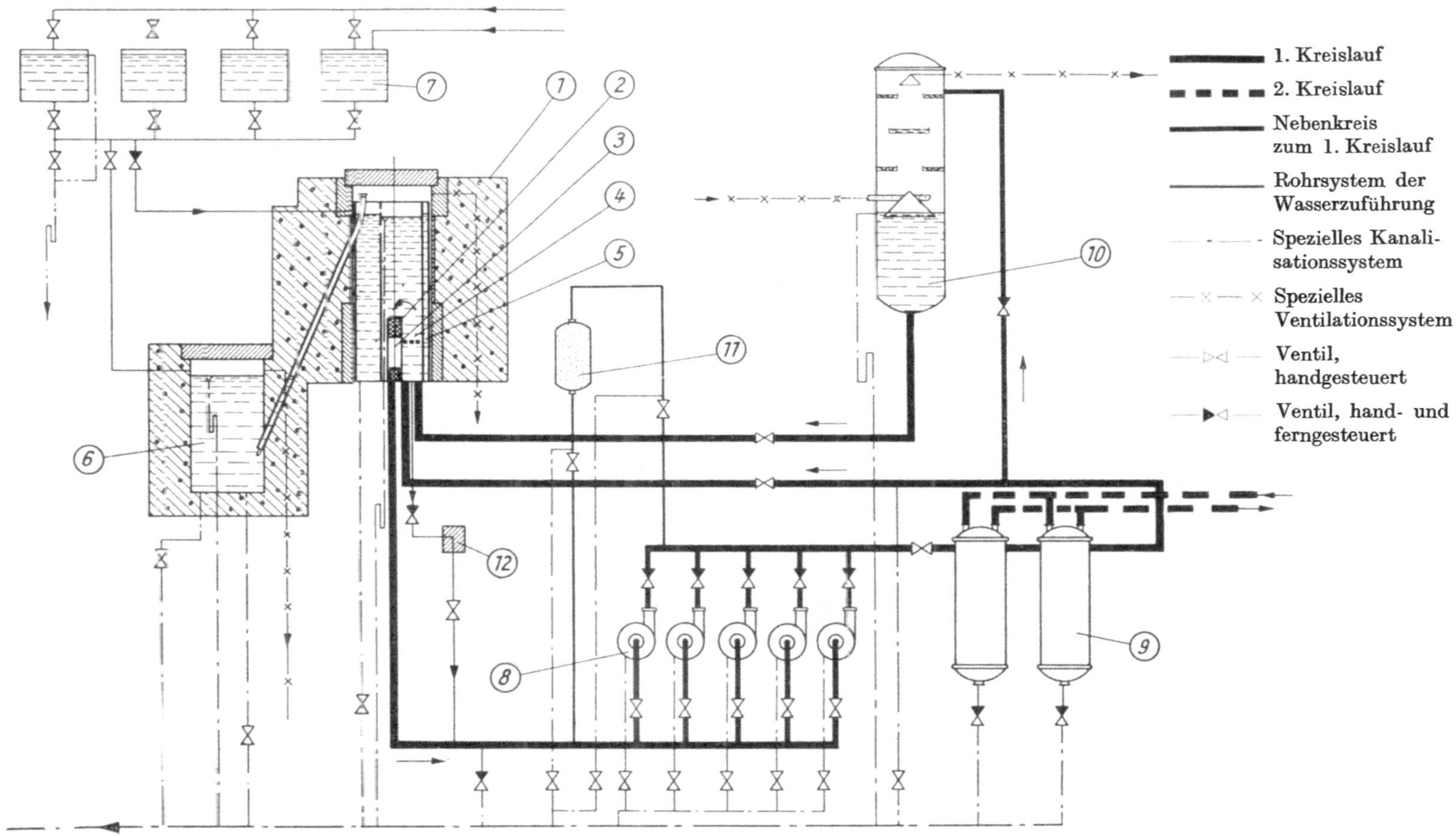

Abb. 1. Technologisches Schema der Reaktoranlage

1 Reaktor, *2* aktive Zone, *3* Moderatortank, *4* Reflektortank, *5* Schutztank, *6* Aufbewahrungsbecken f. verbrauchte Brennelemente, *7* Reservebehälter für destilliertes Wasser, *8* Pumpen des ersten Kühlkreislaufes, *9* Wärmetauscher, *10* Deaerator, *11* Ionenaustauschfilter, *12* dosimetrische Kontrollstelle zur Prüfung von Brennelementen.

schneller Anstieg der Leistung, Verminderung der Stärke des Kühlwasserstromes im ersten Kreis und Stromausfall an den Pumpen.

Hier (Abb. 3) haben wir noch den Schnitt durch den ganzen Aufbau mit Strahlenschutz, bestehend aus einer Wasserschicht, Eisenringen und Betonwänden und den Experimentierkanälen, welche durch diese Schutzwände hindurchgehen. Hier sind auch die ferngesteuerten Motoren zu erkennen, welche gestatten die Verschlüsse zu betätigen. Ein Experimentierkanal besonderer Art ist die *thermische Säule*, die einen großen, mit Graphit ausgefüllten Raum darstellt, der bis an die aktive Zone herangeführt ist. Sie kann als eine großflächige Quelle „thermischer", das heißt vollkommen abgebremster Neutronen Anwendung finden. Diese Säule kann auch aus dem Schutzmantel herausgefahren werden, so daß eine Öffnung entsteht, welche man für Versuche über Strahlenschutz benutzen kann. Sie kann durch einen dicken Eisenpanzer abgeschlossen werden, der ausreichenden Strahlenschutz nach außen bietet.

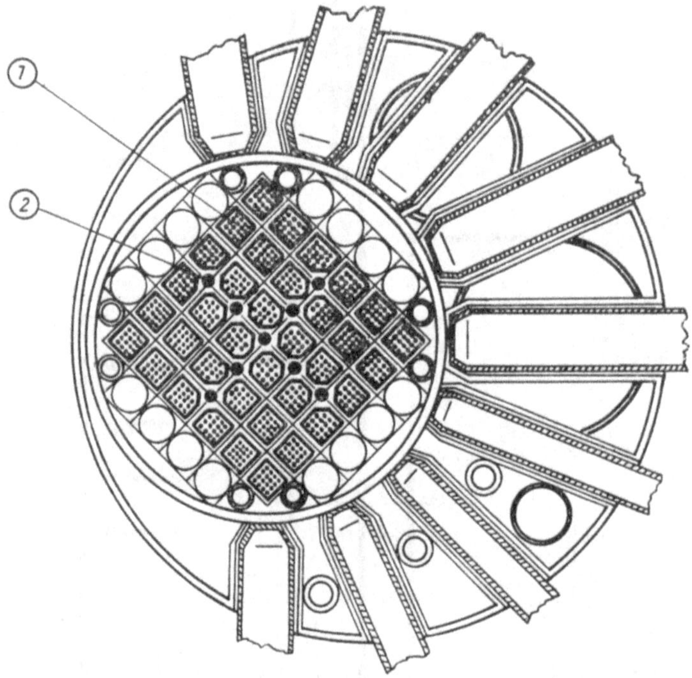

Abb. 2. Horizontalschnitt durch die aktive Zone
1 Körbe mit Uranstäben,
2 Kanäle für Regelungs- und Sicherheitsstäbe,

Abb. 4. zeigt einen Vertikalschnitt durch den ganzen Reaktor.

Neben den bereits bekannten Einzelheiten, wie aktive Zone, Experimentierkanäle und thermische Säule, sind hier die Konstruktion des Deckels mit der durchgeführten Stange und die Führungsröhren für die Regelstäbe zu erkennen.

Abb. 4. Vertikalschnitt durch den Reaktor

1 Thermische Säule,
2 aktive Zone,
3 Experimentierkanal,
4 Deckel

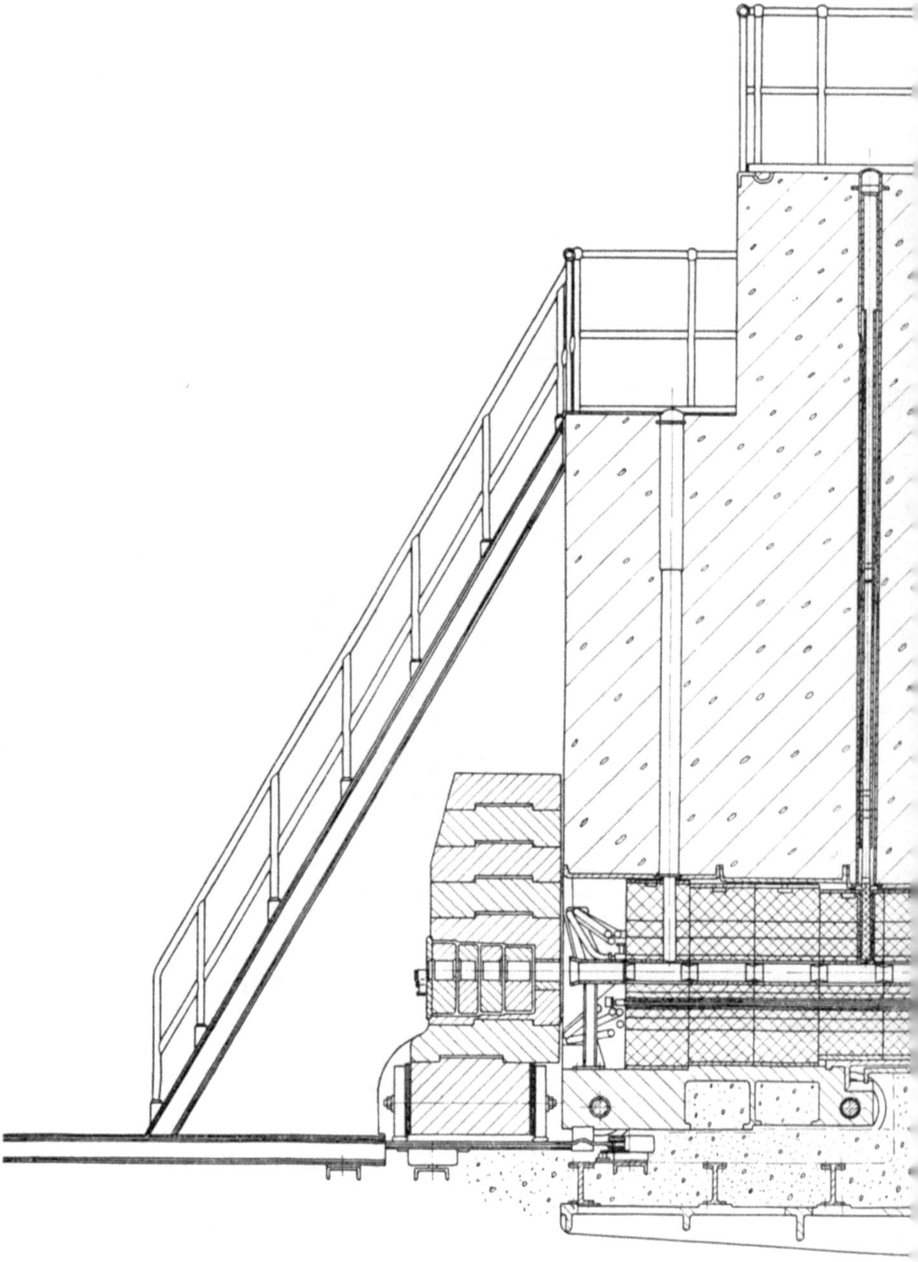

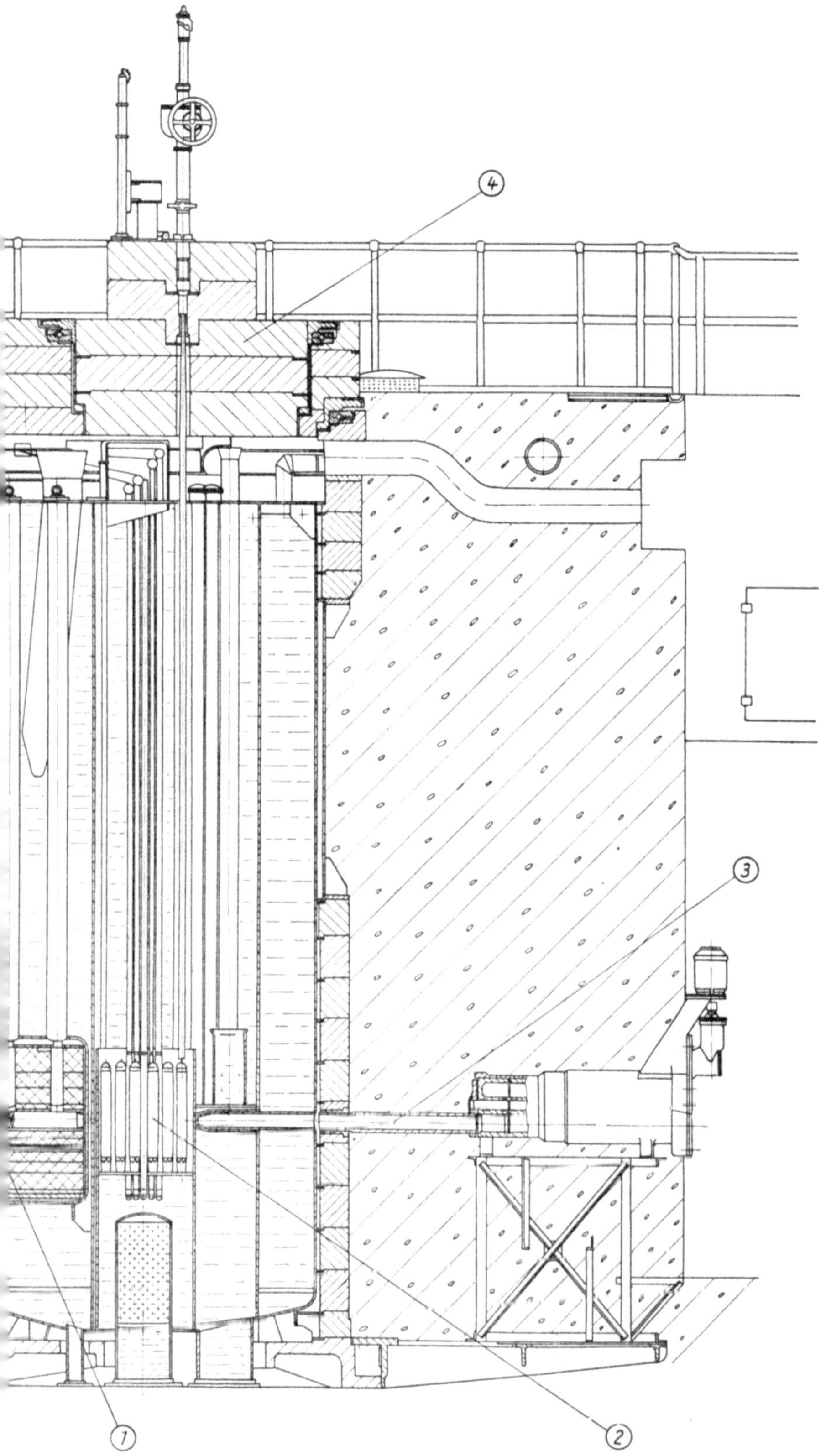
4
3
1
2

Abb. 3. Horizontalschnitt durch den Reaktor

1 Experimentierkanäle,
2 Eisenringe,
3 Wasserschicht,
4 Betonwände,
5 thermische Säule,

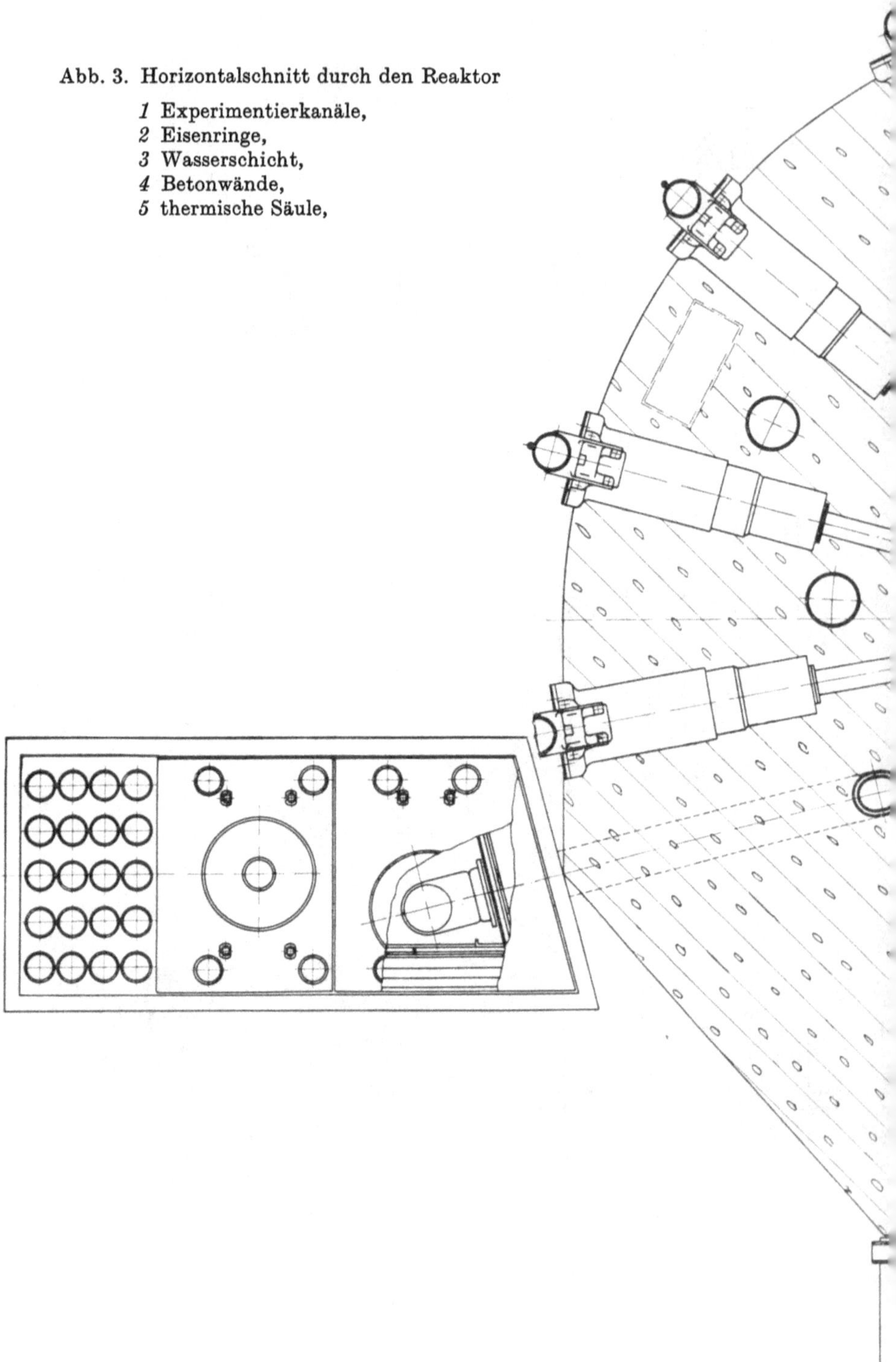

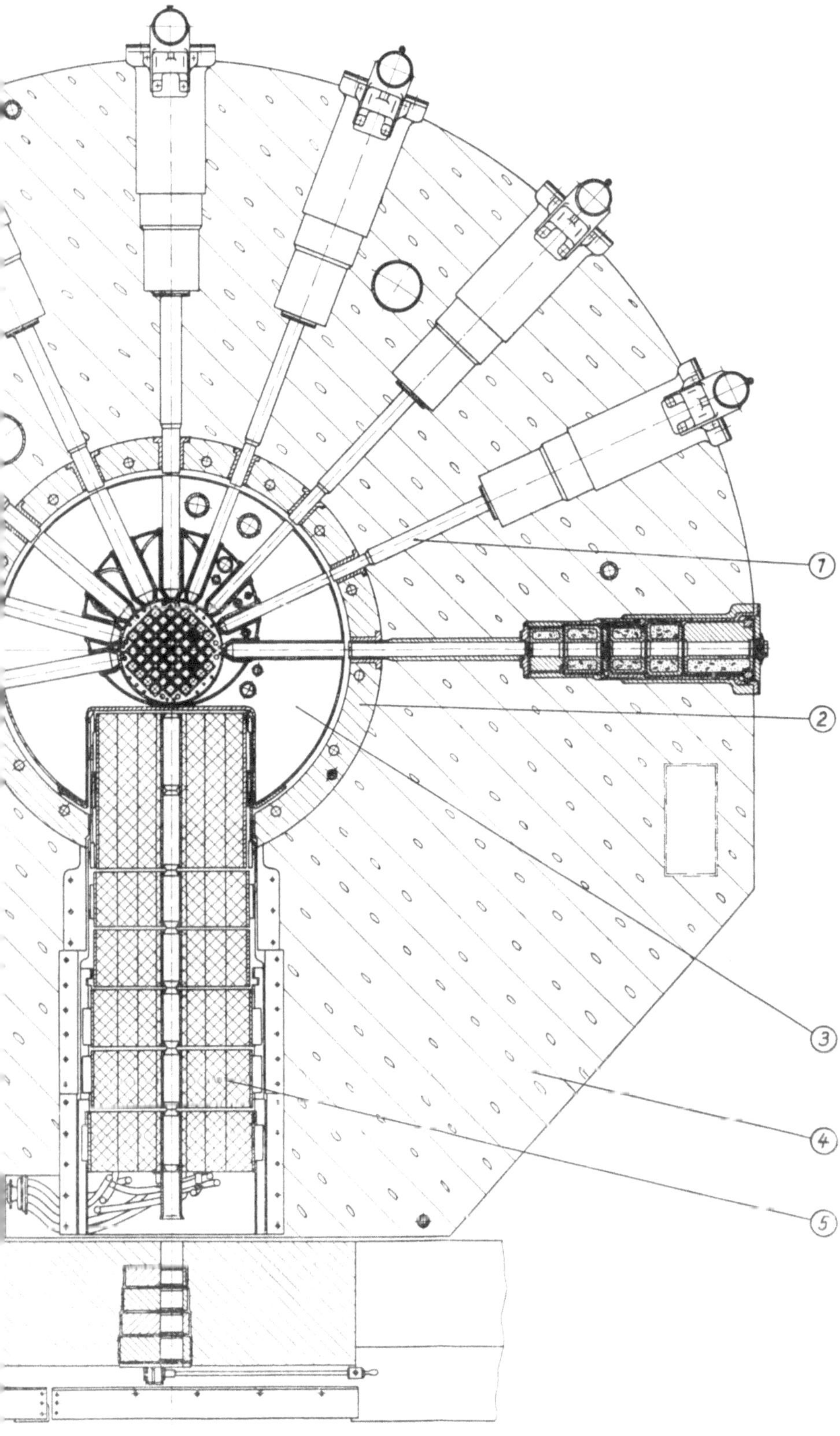
1
2
3
4
5

Abb. 5. Schnitt durch das Reaktorgebäude

1 Heiße Kammer,
2 Reaktor,
3 Pumpenraum,
4 Zentraler Steuerraum

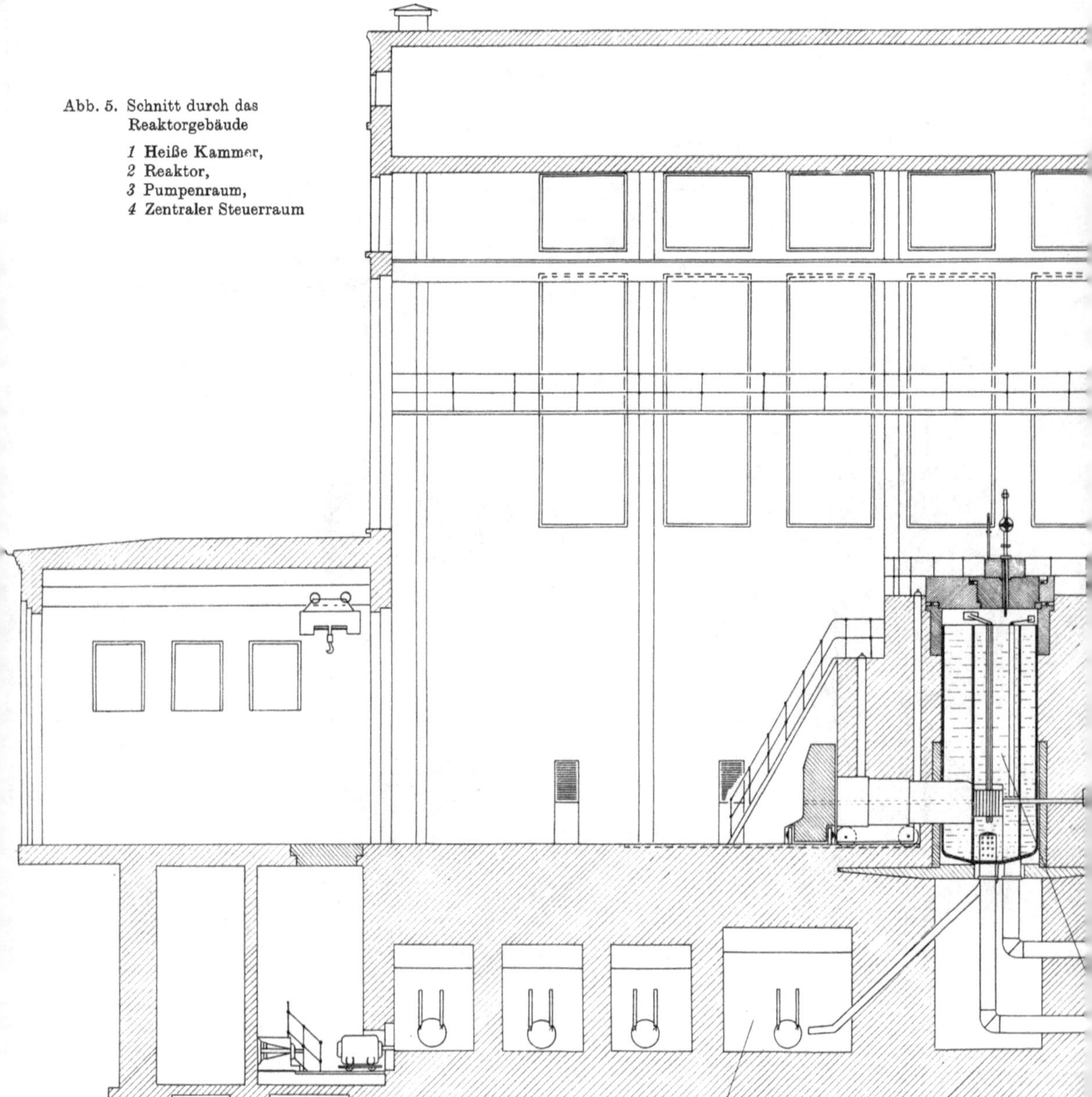

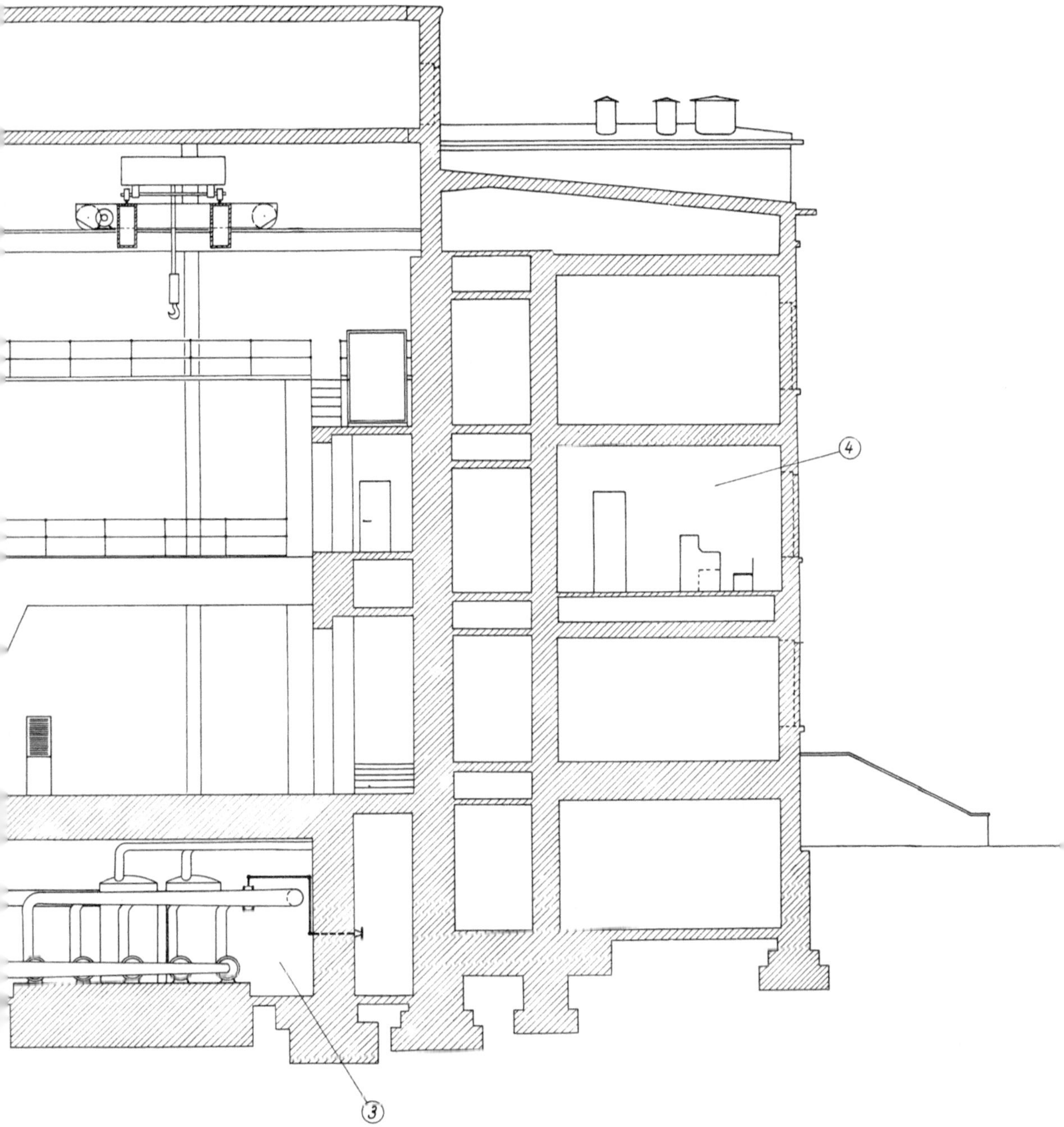
4
3

Zur allgemeinen Orientierung sei in Abb. 5 noch ein Schnitt durch das ganze Reaktorgebäude gezeigt.

Er zeigt den Pumpenraum mit seinen Strahlenschutzwänden und die *heißen Kammern,* in welche bestrahlte Werkstoffe oder Behälter mit Isotopen durch eine schräge Röhre geschickt werden können. In diesen Kammern können dann die hochaktiven Materialien mit Hilfe von *Manipulatoren,* welche auf diesem Bild angedeutet sind, gehandhabt werden. In der ersten Kammer befindet sich eine Werkbank, die von außen bedient werden kann, und auf der die Proben

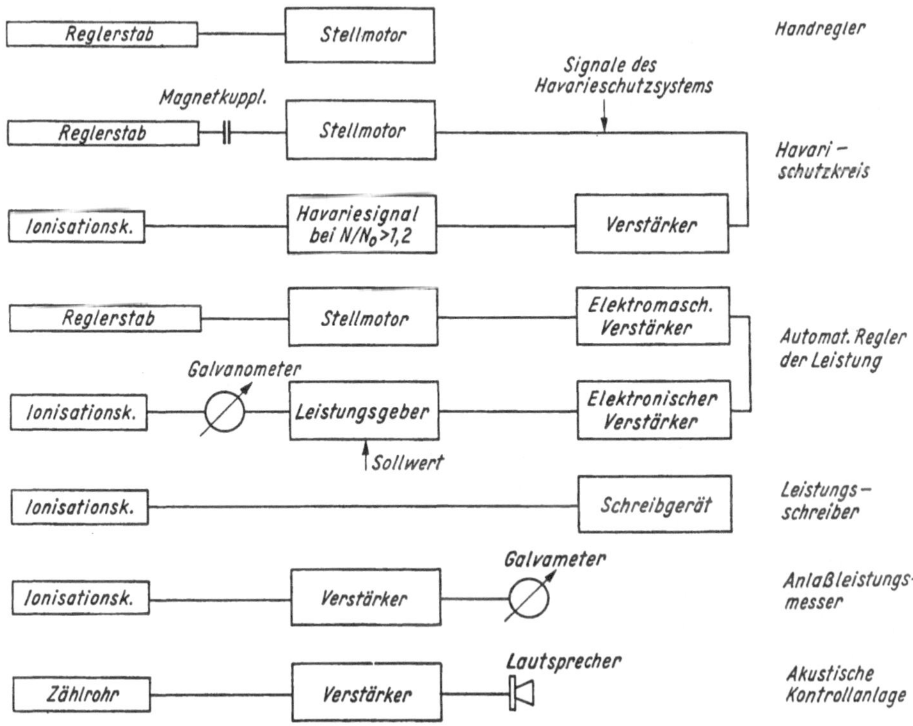

Abb. 6. Schema des Steuerungs- und Schutzsystems

zerteilt oder abgedreht werden können. In den anschließenden Zellen können dann die Werkstoffe hinsichtlich ihrer Veränderungen durch Bestrahlung weiter untersucht werden. Je nach der speziellen apparativen Ausrüstung einer heißen Kammer können hier metallographische, mechanische, elektrische oder wärmephysikalische Eigenschaften gemessen werden, oder es können auch chemische Arbeiten durchgeführt werden. Ohne diese heißen Kammern wären die Forschungsmöglichkeiten, welche der Reaktor auf den Gebieten der Isotopenherstellung, der Werkstoffuntersuchungen für den Reaktorbau und auf dem Gebiet der Festkörperforschungen bietet, überhaupt nicht auszunutzen.

Auf Abb. 6 ist das Schema des Steuerungs- und Schutzsystems unseres Reaktors wiedergegeben. In der aktiven Zone befinden sich die Meß- und Steuerungsorgane — *Ionisationskammern* und Regelstäbe —, am Reaktorkopf die Stellmotoren für die Bewegung der Regelstäbe bzw. der Ionisationskammern (sofern sie beweglich sind) und die *Lagegeber*, welche die Umdrehungen der Rollen, die die Seilzüge für Stäbe und Kammern auf- und abwickeln, auf die Zifferblätter am Schaltpult übertragen. Alle übrigen Apparate sind entweder an Pult oder Schalttafel im Steuerraum oder auf den Gestellen im Nebenraum untergebracht. Wir wollen hier nur die Elemente des automatischen Reglers betrachten: Je nach dem Leistungsniveau des Reaktors fließt jeweils der Strom einer der beiden Ionisationskammern über ein Galvanometer, welches die Kontrolle der Leistung gestattet, zu einem *Leistungsgeber*. In ihm wird der Ionisationsstrom mit einem Strom, welcher dem Sollwert der Leistung entspricht, verglichen und eine Spannung erzeugt, welche der Differenz dieser beiden Ströme proportional ist. Diese Spannung wird zunächst durch einen elektronischen Verstärker und dann weiter durch einen Elektromaschinenverstärker so weit verstärkt, daß sie für den Antrieb des Stellmotors, welcher den Regelstab je nach Vorzeichen der Spannung aufwärts oder abwärts bewegt, ausreicht. Der Regelstab wird also dann in Ruhe bleiben, wenn der Ionisationsstrom die Größe des Sollwertes hat, andernfalls sich so bewegen, daß der Reaktor auf den durch den Sollwert vorgegebenen Leistungswert kommt.

Im folgenden möchte ich dazu übergehen, einen kurzen Überblick über die Forschungsmöglichkeiten an unserem Reaktor und die bereits zur Bearbeitung vorbereiteten Entwicklungsaufgaben zu geben. Diese sind in großen Zügen in den folgenden 10 Hauptthemen zusammenzufassen:

1. Messung von Wirkungsquerschnitten mit monochromatischen Neutronen, die mit Hilfe *mechanischer Selektoren* oder *Kristall-Monochromatoren* erhalten werden können.
2. Forschungsarbeiten auf dem Gebiete der *Neutronen-Optik*.
3. Untersuchungen der Gammastrahlung, die beim *Neutroneneinfang* vom Kern ausgestrahlt wird, mittels *magnetischer* und *Szintillations-Spektrometer*.
4. Experimente mit starken Strahlen von Spalt-Neutronen.
5. Messung von Neutronen-Charakteristiken verschiedener Stoffe (*Diffusionslänge, Bremslänge*), die für den Reaktorbau in Frage kommen; also Gewinnung der Daten zur Berechnung eines Kernreaktors.
6. Messung der effektiven *Spaltneutronenzahl*; Bestimmung von *Resonanzintegralen* für verschiedene Elemente und Isotope.
7. Herstellung *radioaktiver Isotope*, die für die Anwendung auf verschiedenen Gebieten der Wissenschaft und Technik bestimmt sind.
8. Untersuchung der Wirkung von Neutronen- und Gamma-Strahlung auf die Eigenschaften verschiedener Stoffe.
9. Untersuchung der Strahlenwirkung auf lebende Organismen.
10. Versuche zum Strahlenschutz.

Von dem vorliegenden Themenkomplex ist bereits ein erheblicher Teil vorbereitend in Angriff genommen worden. Hierzu seien nur einige Beispiele näher besprochen:

Zur Untersuchung der Wechselwirkung von Neutronen definierter Energien mit Atomkernen dient das *Neutronen-Flugzeitspektrometer*. Die gesamte Apparatur besteht aus drei Teilen: dem mechanischen Selektor, dem Auffänger und dem Analysator, der die Neutronen entsprechend ihren Laufzeiten registriert. Auf Abb. 7 ist der mechanische Selektor schematisch dargestellt.

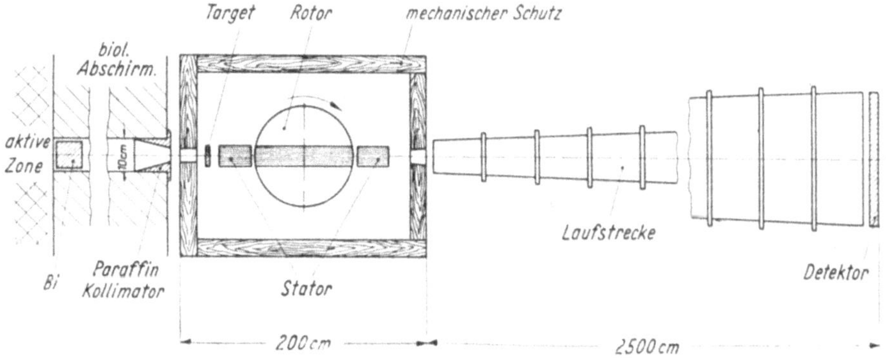

Abb. 7. Neutronen-Flugzeitspektrometer
schematische Darstellung des mechanischen Selektors

Die Neutronen treten aus der aktiven Zone des Reaktors durch einen Kanal in der Betonabschirmung aus und treffen auf den Rotor des mechanischen Selektors, welcher mit einer Umdrehungszahl von 15300 U/min rotiert. Bei horizontaler Stellung des Schlitzes in diesem Rotor wird jeweils ein Neutronenbündel hindurchgelassen, welches eine bestimmte Länge entsprechend einer Öffnungsdauer von 1 μs hat. Diese Neutronen treten nun in die „Laufstrecke", ein evakuiertes Rohr von ca. 25 m Länge, ein. Auf dem Wege durch dieses Rohr zieht sich das ursprünglich sehr kurze Bündel auf Grund der verschiedenen Fluggeschwindigkeit der Neutronen relativ stark auseinander, so daß also die Neutronen verschiedener Geschwindigkeiten zu verschiedenen Zeiten am Detektor eintreffen und einzeln registriert werden können. Der Detektor wird durch ein *BF_3-Zählrohr* dargestellt, welches bereits in eigener Entwicklung hergestellt wurde. Er ist angeschlossen an eine besondere elektronische Apparatur, den sogenannten *100-Kanal-Flugzeitanalysator*, dessen Blockschaltbild in Abb. 8 zu sehen ist.

Die eigentliche Registriereinrichtung besteht aus einer *Matrix* aus 100 Koinzidenzstufen mit mechanischen Zählwerken, von denen jedes 10000 Impulse speichern kann. Alle diese Stufen werden nacheinander für eine kurze Zeit für die Registrierung eines Impulses freigegeben. Diese Aufnahmebereitschaft wird durch Impulse gesteuert, welche durch die Schwingung eines Quarz-Oszillators von 1 MHz geliefert werden. Der zeitliche Abstand zweier Impulse beträgt also

1 μs, so daß jeder Kanal, sofern der Quarzsender schwingt, für 1 μs geöffnet ist. Die Einschaltung des Oszillators erfolgt durch einen elektrischen Kontakt, welcher am mechanischen Selektor angebracht ist. Durch eine Verzögerungsschaltung wird die Registrierbereitschaft der Zählerstufen dann hergestellt, wenn die Laufzeit der schnellsten zu registrierenden Neutronen vorüber ist. Auf diese Weise kann ein Energiebereich von 10 eV bis 10 keV überstrichen werden. So kann man zunächst das ungestörte Spektrum der aus dem Versuchskanal austretenden Neutronen aufnehmen. Bringt man dann einen zu untersuchenden Stoff in den

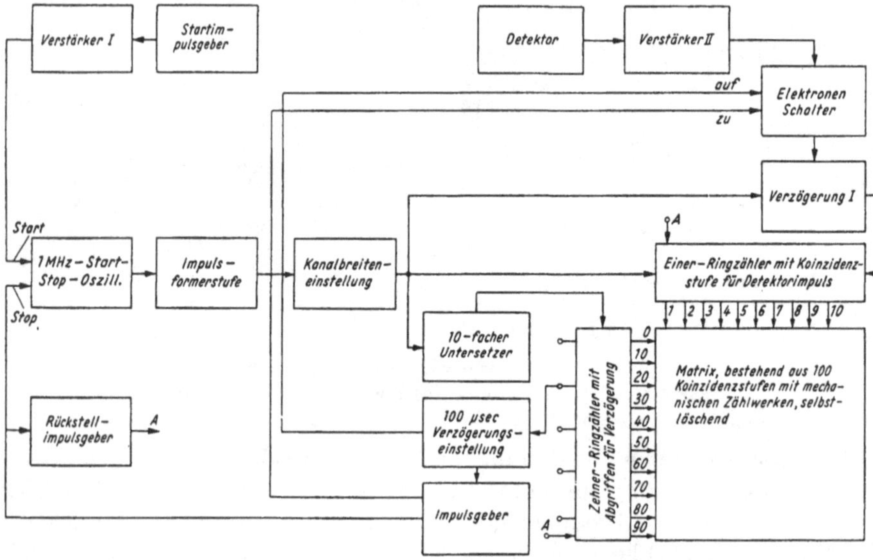

Abb. 8. 100-Kanal-Flugzeitanalysator, Blockschaltbild der elektronischen Anlage

Strahl hinein, so erkennt man sofort, in welchem Maße die Neutronen der verschiedenen Energien aus diesem Spektrum herausabsorbiert werden; mit anderen Worten, man findet die Abhängigkeit des Wirkungsquerschnittes von der Energie für die entsprechende Neutronenreaktion.

Bei diesen Versuchen ist die Intensität des Neutronenstrahles von großer Bedeutung. Nach unseren Berechnungen ist bei einem Neutronenstrom von 10^8 n/cm^2 · s nur etwa ein Impuls pro Sekunde und Kanal zu erwarten. Will man also eine ausreichende Zahl von Impulsen in jedem Kanal registrieren, so kommt man auf Meßzeiten von etwa einem Tag. Es ist notwendig, sich auf eine solche Zeit zu beschränken, da bei mehrtägiger Versuchsdauer unter Umständen Schwierigkeiten bei der Konstanthaltung der Strahlintensität eintreten. Ein Reaktor mit kleiner Leistungsdichte ist also für derartige Messungen nur schlecht geeignet. Durch diese Apparatur wird der hohe Stand und die Bedeutung elektronischer Hilfsmittel in der heutigen experimentellen Kernforschung sehr gut illustriert.

Ein anderes Forschungsthema ist die Untersuchung der γ-Strahlung, welche bei dem Neutroneneinfang von verschiedenen Kernen ausgestrahlt wird. Abb. 9 zeigt eine Apparatur, welche ein wichtiges Hilfsmittel bei solchen Untersuchungen darstellt: ein *magnetisches Spektrometer*, und zwar vom Typus des *Compton-Spektrometers*.

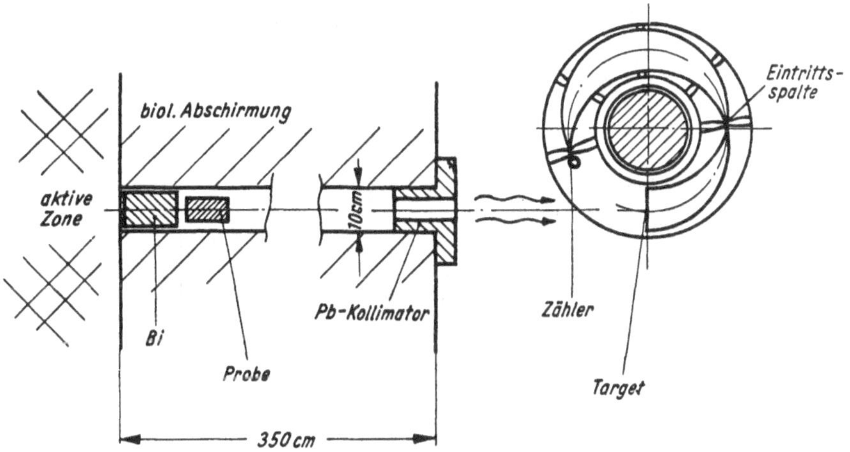

Abb. 9. Compton-Spektrometer

Die zu bestrahlende Probe befindet sich innerhalb eines Experimentierkanals hinter einem Wismutblock, welcher die bei der Untersuchung störende γ-Strahlung aus dem Reaktor abschirmt. Die durch den Neutroneneinfang in der Probe ausgelöste γ-Strahlung tritt durch einen Blei-Kollimator auf ein Zellophan-Target, in welchem sie *Compton-Elektronen* auslöst, deren Energie der einfallenden γ-Strahlungsenergie proportional ist. Dieses Target befindet sich bereits im Feld des Magneten, der die Elektronen nach ihrer Geschwindigkeit analysiert, indem je nach Stärke des Magnetfeldes eine Fokussierung von Elektronen bestimmter Energie am Orte des Zählers stattfindet. Im einfachsten Fall kann so die Energie der γ-Strahlung und damit die Struktur des Kernschemas untersucht werden. In komplizierteren Versuchen besteht die Möglichkeit, weitere Aussagen über die Niveauparameter Spin und Parität angeregter Zustände von Kernen zu erhalten.

Ein anderer Typ eines γ-Spektrometers ist das *Szintillations-Spektrometer*, welches für Untersuchungen auf dem gleichen Arbeitsgebiet eingesetzt werden kann. Das Gerät besteht aus einem *Fotovervielfacher*, welcher mit einem geeigneten Kristall, dem „Szintillator", verbunden ist, und einem elektronischen Gerät, dem *Impulshöhen-Analysator*. Im Kristall werden durch ein einfallendes γ-Quant Elektronen ausgelöst, welche ihre Energie in Form gewöhnlichen Lichts wieder abgeben. Der Fotovervielfacher gibt einen Stromimpuls, welcher der Energie des einfallenden γ-Quants proportional ist, der Analysator registriert die Häufigkeit der Impulse verschiedener Größe in einer Reihe von Kanälen. Wir haben zunächst ein *Einkanal-Spektrometer* fertiggestellt, in welchem die verschiedenen

Energieintervalle zeitlich nacheinander vermessen werden, wobei die Aufzeichnung automatisch erfolgt.

Die Abb. 10 zeigt das auf diese Weise aufgenommene Spektrum einer Kobalt–60-Quelle, in welchem die bekannten γ-Linien der Energien 1,17 und 1,33 MeV zu erkennen sind. Das Szintillations-Spektrometer zeichnet sich gegenüber dem vorher erwähnten magnetischen Spektrometer durch größere Empfindlichkeit aus, hat aber dafür ein geringeres Auflösungsvermögen.

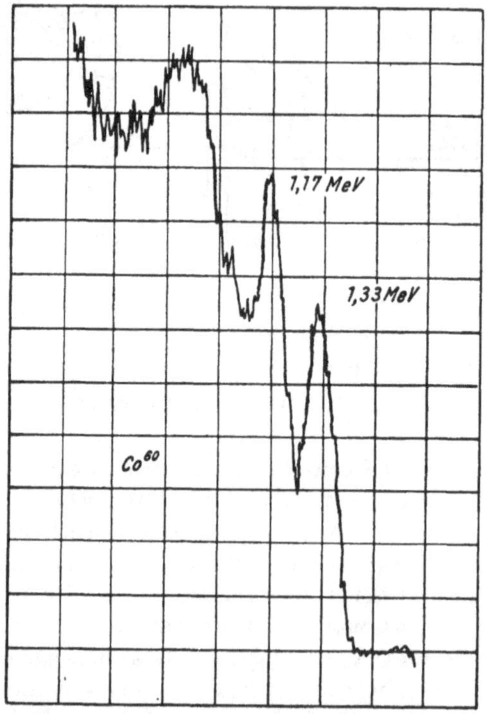

Abb. 10. Spektrum einer Kobalt-60-Quelle
Aufgenommen mit einem Einkanal-Szintillationsspektrometer

Als nächste Ausnutzungsmöglichkeit unseres Forschungsreaktors möchte ich das neue und interessante Gebiet der *Neutronenbeugung* an Kristallen erwähnen. Die große Intensität des Neutronenstrahles, welche ein Reaktor zu liefern vermag, legte den Gedanken nahe, Beugungsversuche anzustellen und zur Strukturforschung auszunutzen — in weitgehender Analogie zu den bei Röntgenstrahlen seit langem bekannten Methoden. Dabei ergeben sich in einigen Fällen, bei denen die Methode der Röntgenstrahlen schlechte Ergebnisse liefert oder ganz versagt, eine Reihe beachtlicher neuer Forschungsmöglichkeiten. Insbesondere trifft dies zu bei Untersuchung der Lokalisierung von Wasserstoffatomen, an denen die Neutronen naturgemäß besonders stark gestreut werden, und bei der Untersuchung von Überstrukturen, bei denen sich die Streufähigkeit der verschiedenen

Metallatome für Röntgenstrahlen nur wenig unterscheiden. Auf Grund der Tatsache, daß das Neutron ein magnetisches Moment besitzt, hängt seine Streuung, im Gegensatz zu der der Röntgenstrahlung, auch vom magnetischen Moment der Atomkerne ab, so daß man mit Hilfe der *Neutronenbeugung* magnetische Strukturen von Werkstoffen aufklären kann.

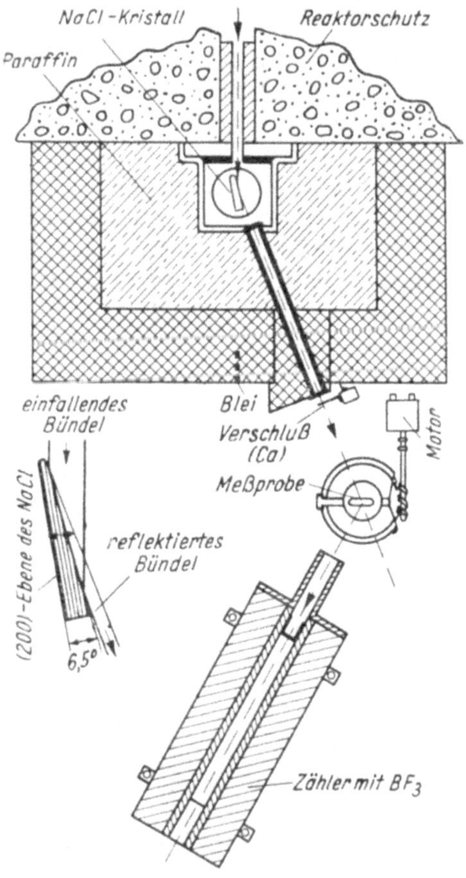

Abb. 11

Prinzipieller Aufbau einer Apparatur zur Untersuchung der Neutronenbeugung an Kristallen (Drehkristallmethode nach Bragg)

Links ist das monochromatisierende Kristall vergrößert herausgezeichnet

(nach E. O. Wollan u. C. G. Shull.)

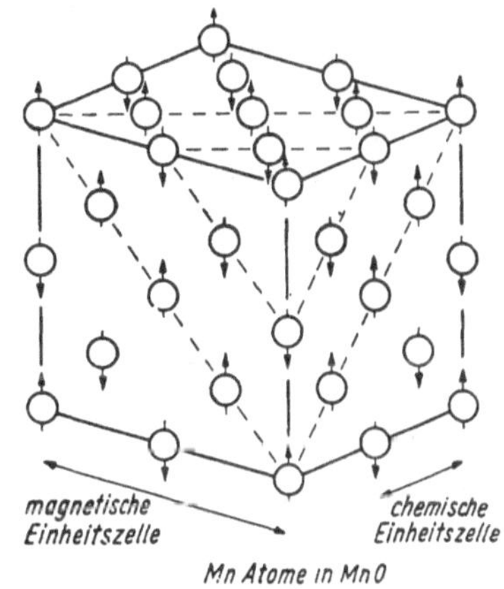

Abb. 12

Magnetische Struktur des MnO-Kristalls (nach C. G. Shull, W. A. Strauser u. E. O. Wollan.)

Die Abb. 11 zeigt den Aufbau einer solchen Beugungsapparatur schematisch. Im Prinzip arbeitet sie nach der *Drehkristallmethode* von Bragg. Als Detektor wird hier ein langes *Bor-Zählrohr* verwendet, das jeweils um den doppelten Winkel als der reflektierende Kristall gedreht wird. Der Aufwand ist bei dieser Methode wesentlich größer als bei der Röntgenapparatur, so daß sich ihre Anwendung nur dann empfiehlt, wenn wirklich neue Ergebnisse erzielt werden können.

In Abb. 12 ist eine interessante magnetische Struktur dargestellt, wie sie durch *Neutronenbeugung* nachgewiesen werden konnte. Es handelt sich um einen MnO-Kristall, dargestellt sind hier nur die Mn-Atome. Die Spins benachbarter

Metallatome sind hier, im Gegensatz zum Ferromagnetikum, nicht parallel, sondern antiparallel eingestellt, was durch die Bezeichnung *antiferromagnetische Struktur* zum Ausdruck kommt.

Da die verschieden orientierten Atome sich bzgl. der Streuung wie verschiedene Atome verhalten, ergibt sich eine *magnetische Elementarzelle*, welche doppelt so groß ist wie die bei der Röntgenbeugung; das heißt, es ergeben sich im Beugungsbild zusätzlich Reflexe auf Grund der magnetischen Struktur. Dies ist ein besonders einfaches und anschauliches Beispiel. Im allgemeinen ergeben sich kompliziertere Bilder. Auf dem Gebiete der *Neutronenbeugung* werden Wissenschaftler aus mehreren Instituten unserer Republik als Gäste am Reaktor arbeiten, wobei unter anderem auch Untersuchungen an Ferriten, die eine zunehmende technische Bedeutung haben, geplant sind. Damit sind wir bereits in das Gebiet der Werkstofforschung und Festkörperphysik hineingekommen, welches natürlich ein breites Anwendungsgebiet unseres Forschungsreaktors darstellt. Auf Einzelheiten hierzu möchte ich hier nicht eingehen, da Herr Dr. Thümmler hierüber anschließend vortragen wird.

Neben dem Reaktorinstitut gehört zum Zentralinstitut noch ein Bereich „Radiochemie", in dem unter anderem all die Arbeiten durchgeführt werden, welche mit der Erzeugung von radioaktiven Isotopen zusammenhängen. Die Bestrahlung der entsprechend vorbereiteten Stoffe erfolgt im Inneren und am Rande der aktiven Zone des Reaktors. Zum Themenkomplex der Radiochemie gehören unter anderem auch Chemie der *Spaltprodukte* und des *Plutoniums*, *Strahlungschemie*, *Aktivierungsanalyse* und Probleme der Beseitigung *radioaktiver Abfälle.*

In enger Beziehung zu den neutronenphysikalischen Arbeiten, von denen ich Ihnen nur wenige Beispiele anführte, stehen die Entwicklungen auf dem Gebiete der *Reaktorphysik* und *Reaktortechnik.* Hierzu noch einige Bemerkungen:

Das erste Atomkraftwerk unserer Republik wird mit einem Druckwasserreaktor ausgerüstet sein, welcher nach dem gleichen Prinzip arbeitet wie unser Forschungsreaktor — mit dem einzigen Unterschied, daß bei diesem Abmessungen der aktiven Zone kleiner sind, die Anreicherung des Urans höher und die Betriebstemperatur in der aktiven Zone niedriger liegt. Die physikalischen Prozesse im Atomkraftwerksreaktor zeigen deshalb eine große Ähnlichkeit mit denen in unserem Forschungsreaktor und es eröffnen sich daraus sehr günstige Perspektiven für die Untersuchung von Vorgängen, die für den Ablauf des Prozesses im Atomkraftwerk von Bedeutung sind, in unserem Forschungsreaktor. Insbesondere erfordert der Prozeß des Ausbrandes, das heißt des Verbrauchs des Urans, der Bildung des Plutoniums und der Schlacken im Kernreaktor eine ständige rechnerische Kontrolle. Ein großer Teil der Ausgangsdaten für solche Rechnungen kann und soll durch Messungen an unserem Forschungsreaktor gewonnen werden. Im Zusammenhang damit eröffnen sich auch Möglichkeiten zur Ermittlung von günstigen Abänderungen der Parameter des Uran–Wasser-Gitters, zum Beispiel in bezug auf Anreicherung des Urans, Durchmesser und Abstand der Uranstäbe voneinander gegenüber der zur Zeit festgelegten Konstruktion. Wir können sowohl daran denken, in die aktive Zone unseres Reaktors Versuchskassetten einzubauen, als auch einen sogenannten *unterkritischen Reaktoraufbau* als Modell eines neu zu konstruierenden Reaktors an die thermische Säule unseres Forschungsreaktors anzuschließen und durch Messung des Neutronenflusses in ihm die kritischen Daten und andere experimentell zu bestimmen. Auf diese Weise kann die Genauigkeit der vorher durchgeführten Berechnungen überprüft und die für die Praxis notwendige Korrektur an den Rechnungen angebracht werden.

Für die weitere Entwicklung ist auch der Typ des *homogenen* Reaktors von Interesse. Wir haben eine Reihe von Problemen des homogenen D_2O-Reaktors theoretisch untersucht und sind zu einigen interessanten Ergebnissen gekommen. Auch diese Ergebnisse wären durch Experimente in unserem Reaktor zu überprüfen, wenn an eine praktische Ausnutzung der theoretisch gewonnenen Resultate herangegangen werden sollte.

Ich hoffe, Ihnen durch meine Ausführungen einen gewissen Einblick in die physikalischen und technischen Einzelheiten unseres Forschungsreaktors und die durch ihn gebotenen Möglichkeiten für Forschung und Entwicklung gegeben zu haben. Ich hoffe, daß der heutige Tag, der Tag der offiziellen Inbetriebnahme unseres Reaktors, der Beginn einer neuen fruchtbaren Zusammenarbeit der Wissenschaftler und Techniker der verschiedensten Fachrichtungen aus unserer Republik auf den mannigfaltigen Gebieten der friedlichen Erforschung der Atomenergie und aller für die technische Entwicklung wichtigen Anwendungen der Kernphysik sein wird, und ich bin davon überzeugt, daß die Früchte dieser Arbeit auch vielen anderen Zweigen der Wissenschaft und der Technik, die bisher nichts mit der Kernphysik zu tun hatten, unmittelbar oder mittelbar zugute kommen werden.

Unsere erfolgreiche Arbeit auf dem Gebiete der Ausnutzung der Atomenergie für friedliche Zwecke soll am Ende aber nicht nur eine Verbesserung des Lebens unseres Volkes bringen, sondern auch die Förderung der guten Beziehungen zwischen den Menschen der verschiedenen Länder, und damit einen Beitrag zur Erhaltung und Sicherung des Friedens liefern.

Übersicht über die Merkmale und wichtigsten technischen Daten des Forschungsreaktors WWRS

Allgemeine Charakteristik des Reaktors

Typ:	WWR–S, heterogen, thermisch
Brennstoff:	Uran auf 10% an U^{235} angereichert
Konstruktionsmaterial:	Aluminium und nichtrostender Stahl
Kühlmittel:	destilliertes Wasser
Moderator:	dto.
Reflektor:	dto.
Biologischer Schutz:	destilliertes Wasser, Gußeisen und Spezialbeton
Leistung:	maximal 2000 kW
Neutronenfluß (thermisch):	im Mittel $1 \cdot 10^{13} \frac{\text{Neutronen}}{\text{cm}^2\,\text{s}}$
	maximal $2 \cdot 10^{13} \frac{\text{Neutronen}}{\text{cm}^2\,\text{s}}$
Beschickung:	kritische Masse 3,2 kg U^{235}
	erste Beschickung 4,6 kg U^{235}
	maxim. Beschickung 6 kg U^{235}

Die wichtigsten technischen Daten

Abmessung der aktiven Zone:	0,5 m Dmr. × 0,5 m
Destillatdurchflußmenge im ersten Kreislauf:	max. 1000 m³/h
Temperaturdifferenz des Ein- und Austrittswassers im ersten Kreislauf:	rd. 2° bei 2000 kW
Mittlere Kühlwassertemperatur im ersten Kreislauf:	35° C
Maximale Oberflächentemperatur an den Stabhüllen:	95° C
Durchflußmenge im Deaeratorkreis:	rd. 180 m³/h
Durchflußmenge im Filterkreis:	rd. 10 m³/h
Durchflußmenge und Temperaturdifferenz im zweiten Kreislauf für 2000 kW:	bei max. 400 m³/h rund 5° C

Ansicht des Reaktors

Zentraler Steuerraum

Innenansicht des Reaktorbehälters

Wärmeaustauscher im Pumpenraum

Über das Zyklotron des Zentralinstitutes für Kernphysik und die Forschungsvorhaben im Bereich „Physik der Atomkerne“

von JOSEF SCHINTLMEISTER

(Vortrag, gehalten in der öffentlichen Sitzung des Wissenschaftlichen Rates für die friedliche Anwendung der Atomenergie am 16. 12. 1957 in Dresden)

Meine sehr verehrten Damen und Herren!

Im vorhergehenden Vortrag wurde der Reaktor des Zentralinstitutes für Kernphysik behandelt. Das zweite Großgerät des Zentralinstitutes ist ein Zyklotron, welches die bedeutendste kernphysikalische Forschungsapparatur des *Bereiches*: „*Physik der Atomkerne*“ darstellt. In meinem Vortrag möchte ich nun einige Angaben über die technischen Daten des Zyklotrons machen und daran anschließend die Forschungsmöglichkeiten, die sich daraus ergeben, behandeln.

Zunächst erhalten wir einige Auskunft über die Leistungsfähigkeit unseres Beschleunigers aus den Angaben des Herstellers:

Das *Schild*, das *am Magneten* angebracht ist, trägt folgende Beschriftung:

TABELLE 1
Das Schild am Magneten des Zyklotrons des Zentralinstitutes für Kernphysik
(Übersetzung aus dem Russischen)

Zyklotron Typ Y – 120 – 1	
Fabrik-Nr. 06–56–06, Baujahr 1956	
Energie für α-Teilchen	25,0 MeV
Energie für Deuteronen	12,5 MeV
Durchmesser der Polschuhe des Elektromagneten	1200 mm
Luftspalt	170 mm
Feldstärke des Magneten im Zentrum	14 100 Oerst.
Scheitelspannung an den Duanten	140 – 150 kV
Abstimmungsbereich der Resonanzleitung	22 – 30 m
Pumpleistung der Diffusionspumpen an der Beschleunigungskammer	3000 Liter/sec

Auf Folgendes ist besonders hinzuweisen:

1. Die Polschuhe haben 1,2 Meter Durchmesser. Der Polschuhdurchmesser ist die wichtigste Kenngröße eines Zyklotrons, denn er setzt der maximalen Energie der Teilchen, die beschleunigt werden, die obere Grenze. Man kann allerdings

die Teilchen nicht bis zum äußersten Rand der Polschuhe laufen lassen, da der Wert der magnetischen Feldstärke am Rande zu stark abnimmt. Der für die Beschleunigung ausnutzbare Durchmesser, den man den Rechnungen zu Grunde legen muß, beträgt bei unserem Zyklotron 1,05 Meter.

2. Auf der Tafel ist nur die erreichbare Endenergie von Alphateilchen und Deuteronen eingetragen. Angaben über Protonen fehlen.

Das Prinzip des Zyklotrons zeigt Abb. 1. Ein homogenes Magnetfeld steht senkrecht zur Zeichenebene. Es krümmt in der Zeichenebene liegende Bahnen von Teilchen zu einem Kreis. An zwei flachen halbkreisförmigen Schachteln,

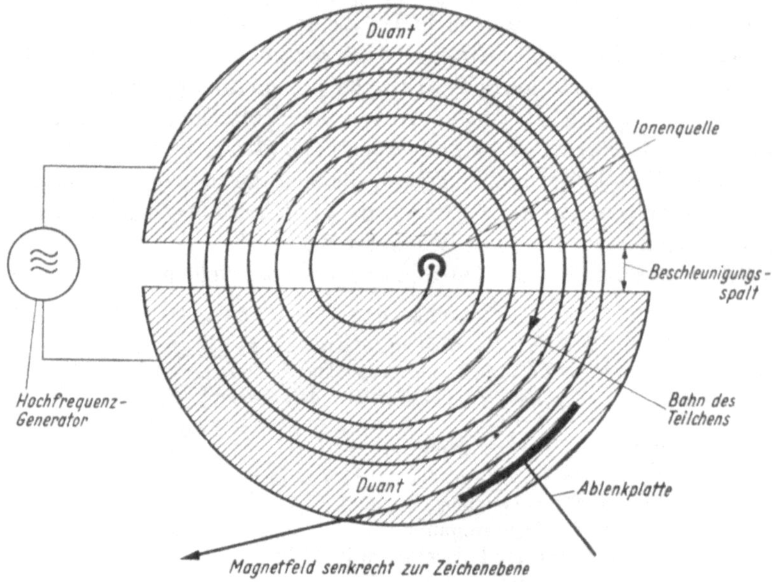

Abb. 1. Schema des Zyklotrons

den Duanten, liegt eine hochfrequente Wechselspannung. Sie wird von einem leistungsfähigen Hochfrequenzgenerator geliefert. Etwa in der Mitte, jedoch nicht genau im Zentrum, werden Ionen erzeugt.

Liegt an den Duanten eine Spannung im richtigen Sinne, so werden die Teilchen beim Passieren des Spaltes beschleunigt und laufen mit erhöhter Geschwindigkeit in den anderen Duanten hinein, in dessen Inneren kein elektrisches Feld vorhanden ist. Wird die Spannung zwischen den Duanten nun umgepolt, so hat dieser Vorgang keinen Einfluß auf das Teilchen, das beim Übertritt vom einen Duanten in den anderen aber wiederum beschleunigt wird. Der Halbkreis, längs dessen sich die Teilchen im Inneren des Duanten bewegen, wird mit wachsender kinetischer Energie immer größer. Die Teilchen laufen schließlich nach vielen einzelnen Beschleunigungsschritten am Rande des Magnetfeldes um.

Für den *nicht relativistischen Fall* berechnet sich die *Endenergie* aus der Überlegung, daß die Kreisbahn dadurch zustande kommt, daß die elektromagnetische Lorentzkraft $ZevH$ der mechanischen Trägheitskraft mv^2/ϱ des Teilchens das Gleichgewicht hält. Ze ist dabei die Ladung des Teilchens, v seine Geschwindigkeit, H die Stärke des Magnetfeldes, ϱ der Radius der Teilchenbahn und m die Masse des Teilchens. Aus

$$mv^2/\varrho = ZevH \tag{1}$$

folgt unmittelbar

$$E_{kin} = \frac{mv^2}{2} = \frac{(Z\,e)^2\,(H\,\varrho)^2}{2\,m}\,. \tag{2}$$

Wenn wir noch die Masse durch das Atomgewicht A und deren Einheit m_A ausdrücken, und den ausnützbaren Radius der Polschuhe mit R bezeichnen, so gilt mithin:

$$E_{max} = \frac{e^2\,(H\,R)^2}{2\,m_A} \cdot \frac{Z^2}{A} = 25{,}8\,\frac{Z^2}{A} \quad \text{(in MeV)} \tag{3}$$

bei $2R = 1{,}05$ Meter.

Der Polschuhdurchmesser geht also in die Gleichung quadratisch ein. Er bestimmt die maximale kinetische Energie E_{max} der Teilchen.

In der Tab. 2 ist die mit dem Zyklotron des Zentralinstitutes erreichbare Maximalenergie in MeV angegeben. Bei dem Wert 25 MeV für das Proton ist die Zahl 8,5 MeV in Klammern angeschrieben. Wir können nämlich tatsächlich Protonen nur bis zu dieser Endenergie beschleunigen. Es ist dies eine unmittelbare Folge des begrenzten Frequenzbereiches unseres Hochfrequenzsenders. Die Erfüllung der sogenannten *Resonanzbedingung* ist nämlich bei Protonen nur mit herabgesetzter magnetischer Feldstärke möglich; gemäß Gl. (3) wird dadurch aber E_{max} erniedrigt. Allerdings würde auch eine Verdoppelung der Senderfrequenz zunächst keine erheblich größere Energie für Protonen bringen, weil bei diesen Teilchen die relativistische Massenänderung keine weitere Erhöhung von E_{max} mit einem Festfrequenz-Zyklotron gestattet.

TABELLE 2

Maximalenergie der Teilchen im Zyklotron des Zentralinstitutes für Kernphysik

Teilchen	Z^2/A	E_{max} in MeV	E_{max} pro Nukleon in MeV
p	1	25 (8,5)	25 (8,5)
d	½	12,5	6,3
α	1	25	6,3
${}_6C^{12\,(4+)}$	1⅓	33,3	2,8
${}_6C^{12\,(6+)}$	3	75	6,3

Die Resonanzbedingung besagt, daß die Zeitdauer für einen Umlauf zu der Frequenz der elektrischen Wechselspannung an den Duanten passen muß. Die Zeitdauer τ für einen Umlauf beträgt

$$\tau = \frac{2\pi\varrho}{v} = \frac{2\pi m}{Z e v}. \tag{4}$$

Für die Periodendauer T der Hochfrequenzspannung muß die Bedingung

$$k T = \frac{k}{f} = \tau ; \qquad k = 1, 3, 5, \ldots (2n + 1) \tag{5}$$

erfüllt sein, soll der sukzessive Beschleunigungsvorgang stattfinden. Die Frequenz f des Hochfrequenzgenerators beträgt in diesem Falle

$$\frac{f}{k} = \frac{Z e H}{2\pi m_A A} = 21{,}6 \frac{Z}{A} \quad \text{(in MHz)}. \tag{6}$$

Damit berechnen sich die in Tab. 3 wiedergegebenen Werte für die Grundfrequenz $k = 1$. Da der Abstimmbereich des Sendersystems unseres Zyklotrons von

TABELLE 3

Die Resonanzbedingung beim Zyklotron des Zentralinstitutes für Kernphysik

Teilchen	Z/A	Grundfrequenz $k = 1$ in MHz	Bemerkung
p	1	21,6	Bei $H = \frac{H_{max}}{2}$ ist $f = 10{,}8$ MHz
d	½	10,8	
α	½	10,8	
${}_6C^{12(4+)}$	⅓	7,2	Bei $k = 3$ und $H = \frac{H_{max}}{2}$ ist $f = 10{,}8$ MHz
${}_6C^{12(6+)}$	½	10,8	

10,0 bis 13,6 MHz reicht, kann man bei Protonen und vierfach geladenen Kohlenstoffionen nur etwa die halbe Magnetfeldstärke verwenden, wenn die Resonanzbedingung erfüllt bleiben soll. Bei Kohlenstoff muß man zusätzlich mit $k = 3$ arbeiten. Die erreichbare Endenergie sinkt also bei Protonen auf ¼ von 25 MeV. In Wirklichkeit können wir etwas mehr als ein Viertel dieser Energie, nämlich 8 MeV erreichen, da wir ja an der oberen Grenze des Abstimmbereiches des Senders arbeiten können. Strebt man nicht nach der größtmöglichen Protonenenergie, so beschleunigt man Molekülionen des Wasserstoffes H_2^+ und läßt sie durch eine dünne Aluminiumfolie treten. Beim Durchgang durch die Folie wird das Molekel zerlegt und es entstehen zwei Protonen. Deren kinetische Energie beträgt die Hälfte der Energie eines Deuteriumstrahles, nämlich 6,3 MeV. H_2^+ und und D^+ haben gleiche Ladung und Masse. H_2^+-Ionen werden also im Zyklotron genau wie D^+-Ionen beschleunigt, erlangen also eine Energie von 12,5 MeV.

Mit wachsender kinetischer Energie nimmt die Masse der Teilchen nach den Gesetzen der speziellen Relativitätstheorie zu und damit steigt auch gemäß Gl. (4) die Umlaufsdauer. Von einer gewissen Grenzenergie an ist daher die Resonanzbedingung nicht mehr erfüllt, wenn die Frequenz konstant bleibt. Ein „*klassisches*" *Zyklotron* mit *Festfrequenz* kann also Teilchen nur bis zu einer gewissen Grenze der Energie beschleunigen. Wird die Frequenz durch spezielle Einrichtungen während des Beschleunigungsvorganges erniedrigt, so daß die Resonanzbedingung immer erfüllt bleibt, so nennt man ein solches Gerät ein *Synchrozyklotron.*

Das Verhältnis der tatsächlichen Masse m eines Teilchens mit der kinetischen Energie E_{kin} zur Ruhemasse m_0 beträgt bekanntlich

$$\frac{m}{m_0} = 1 + \frac{E_{kin}}{m_0 c^2}. \tag{7}$$

Dies folgt aus der relativistischen Schreibweise der kinetischen Energie: $E_{kin} = m c^2 - m_0 c^2$. Daher hat die Umlaufsdauer eines Teilchens im Zyklotron im relativistischen Geschwindigkeitsbereich die Größe

$$\tau = \frac{2 \pi m}{Z e \bar{H}} = \tau_0 \frac{m}{m_0}, \tag{8}$$

wenn wir mit τ_0 die Umlaufsdauer im nichtrelativistischen Bereich $m = m_0$ bezeichnen.

Eine Beschleunigung mit einem klassischen Festfrequenz-Zyklotron kann nun nach M. E. Rose (1938) bis zu einem Verhältnis $m/m_0 \simeq 1{,}0133$ erfolgen. Damit erhält man die in der dritten Spalte der Tab. 4 angegebenen Werte. Die Maximalenergie, die sich mit einem Polschuhdurchmesser des Magneten von 1,05 Meter

TABELLE 4

Die Grenzen des klassischen Zyklotron und des Zyklotrons des Zentralinstitutes für Kernphysik

Teilchen	m_0 in MeV	E_{Grenze} (relativ.)	E_{max} in MeV bei Magnet mit 1,05 m Polschuhdurchmesser
e	0,501	6,7 keV	—
p	938	12,5 MeV	25
d	1890	25 MeV	12,5
α	3756	50 MeV	25

erreichen läßt, wenn das Gerät gegebenenfalls auch als Synchrozyklotron betrieben wird, ist in der vierten Spalte der Tabelle angeführt. Aus der Tabelle sieht man, daß sich das Zyklotron, wie bekannt, nicht dazu eignet, Elektronen zu beschleunigen. Eine Energie von 6,7 keV kann mit einem einfachen Hochspannungsgerät bequemer erreicht werden. Für Alpha-Teilchen und Deuteronen bleiben wir mit einem Faktor zwei unter der relativistischen Grenze. Für Protonen könnten wir mit unserem Magneten 25 MeV erreichen, die relativistische Grenze liegt aber schon bei 12,5 MeV. Wenn wir das Zyklotron auf die Beschleunigung von Protonen über 8 MeV umstellen wollten, so müßten wir erstens die Frequenz variabel machen, d. h., das Zyklotron zu einem Synchrozyklotron umbauen, und zweitens außerdem noch die Frequenz des Senders verdoppeln, wie aus Tabelle 3 hervorgeht, um mit maximaler Magnetfeldstärke arbeiten zu können.

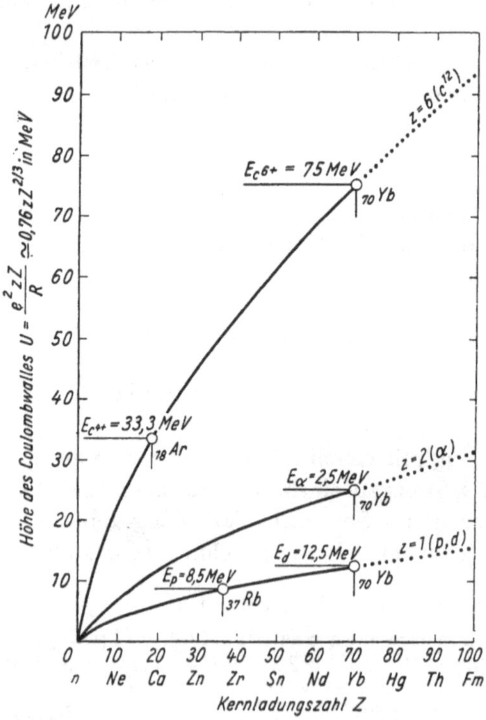

Abb. 2. Die Höhe des Coulombwalles der Kerne für verschiedene Geschosse und Angabe des Bereiches, in dem Kernumwandlungen mit dem Zyklotron des Zentralinstitutes durchgeführt werden können

Für die Beschleunigung von Alpha-Teilchen und Deuteronen sowie von schweren Ionen ist ein solcher Umbau nicht erforderlich. Experimente mit Protonen von größerer Energie als 8 MeV, werden wir daher zunächst in unserem Forschungsprogramm nicht aufnehmen, da sie eine Stillegung der Maschine für längere Zeit erforderlich machen würden.

Es ist nun zu erörtern, welche physikalisch interessanten und erfolgversprechenden Arbeiten wir mit unserer Anlage durchführen können. Begrenzt sind unsere Möglichkeiten durch das elektrische Feld des zu beschießenden Kernes, das die Geschosse abstößt. Abb. 2 gibt für einige Geschosse die kinetische Energie an, die zur Überwindung des Coulombwalles des Kernes nötig ist. Als

Abszisse ist die Ordnungszahl der Elemente aufgetragen, als Ordinate die Teilchen-Energie zur Überwindung des Walles in MeV. Bei der vorgegebenen maximalen Teilchenenergie können wir also nur diejenigen Kerne umwandeln, die links von der mit einem Kreis markierten Stelle liegen. Es ist vielleicht nicht überflüssig, darauf hinzuweisen, daß bei mehrfach geladenen schweren Ionen zwar die Teilchenenergie bedeutend ansteigt, daß aber auch der Coulombwall proportional der Ladung des Geschosses höher wird. Daher können wir z. B. mit ${}_6C^{12\,(6+)}$ nur dieselben Kerne wie mit Alpha-Teilchen umwandeln. Der Effekt der größeren Teilchenenergien wird genau kompensiert durch die Erhöhung der abstoßenden Kraft des elektrischen Feldes des Kernes wegen der größeren Teilchenladung. Wir können also mit unserem Zyklotron nur bei rund zwei Drittel der Elemente des periodischen Systems den Coulombwall überwinden und eine Kernumwandlung durchführen.

Wir haben insgesamt *vier Möglichkeiten* für kernphysikalische Untersuchungen:

1. Wir können radioaktive Körper erzeugen und ihren Zerfall untersuchen. Daraus können Angaben über Niveauschemata, Lebensdauer usw. gewonnen werden.
2. Wir können Kernreaktionen untersuchen, bei denen, ausgelöst durch das hineingeschossene Teilchen, augenblicklich ein oder mehrere Teilchen emittiert werden und ein neuer Restkern entsteht. Die Untersuchung derartiger Prozesse liefert Angaben über die Niveaus der Kerne, und zwar über die Anregungsenergie, die Lebensdauer, Parität, Spin und Isobarenspin.
3. Kernreaktionen können zur Erzeugung von Neutronen verwendet werden. Besonders geeignet hierzu ist der Beschuß von Deuterium, Tritium, Lithium, Beryllium und Bor mit Deuteronenstrahlen. Die Intensität der Neutronen ist bei Verwendung des Zyklotrons sehr hoch. Sie entspricht einer Radium-Beryllium-Neutronenquelle mit etwa 100 kg Radium. Allerdings ist die Neutronenerzeugung mit einem Zyklotron sehr unökonomisch, da die Neutronen liefernden Reaktionen bereits bei verhältnismäßig niedrigen Energien der Deuteronen gute Ausbeute liefern.
4. Auch an den Kernen, deren Coulombschwelle wir nicht überwinden können, sind Experimente durchführbar. Wir können an ihnen die sogenannte Coulombanregung messen. Bei dieser bleibt das Geschoß außerhalb des Wirkungsbereiches der spezifischen Kernkräfte. Eine Wechselwirkung mit dem Kern tritt nur über das elektromagnetische Feld ein. Die Kerne werden dabei nicht umgewandelt, sondern in Rotation versetzt. Die Coulombanregung gibt interessante Aufschlüsse über Rotationsniveaus der Kerne und erlaubt damit, auf die geometrische Gestalt der Kerne zu schließen. Beispielsweise existieren bei genau kugelförmigen Kernen keine Rotationsniveaus.

Auf Grund der bestehenden Möglichkeiten sind unter Berücksichtigung der Daten des Zyklotrons für unsere künftige Arbeit zwei Hauptgebiete ausgewählt worden, nämlich die Untersuchung radioaktiver Körper und die Untersuchung von Kernprozessen.

Im Einzelnen wollen wir aus diesen beiden Gebieten folgende Problematik behandeln:

a) Radioaktive Körper

Dieses Forschungsthema umfaßt die Aufklärung von Zerfallsschemata radioaktiver Kerne und der Energieniveaus der Folgekerne sowie die Untersuchung weiterer charakteristischer Eigenschaften der Kernniveaus und der Übergänge, die über den Aufbau und den Zerfallsmechanismus dieser Kerne Aufschluß geben. Diese Daten sollen mit Hilfe der *Spektroskopie der β-, γ- und Röntgenstrahlung* gewonnen werden. Obwohl auf diesem Gebiet schon viel gearbeitet wurde und manche *Zerfallsschemata* aufgeklärt sind[1]), gibt es noch viele radioaktive Isotope, von denen wir sie noch nicht genau kennen oder für die einander widersprechende Angaben vorliegen. Selbst bei einem in der Medizin so oft verwendeten Isotop, wie dem J^{131}, ist das Zerfallsschema, obwohl es relativ einfach ist, noch nicht in allen Einzelheiten festgelegt. Noch viel weniger sind die komplizierten Zerfallsschemata von radioaktiven Kernen mit *beinahe abgeschlossenen Nukleonenschalen* völlig bekannt. Ein Beispiel dafür ist das Thallium $^{208}_{81}$, das ThC″. Thallium besitzt 81 Protonen im Kern. Mit einem Proton mehr, nämlich 82, wäre eine abgeschlossene Protonenschale erreicht. Dieses Fehlen von einem Proton bewirkt zahlreiche Effekte, von denen der auffälligste der Linienreichtum der γ-Spektren ist.

An der Untersuchung derart komplizierter Spektren und der Aufstellung der Schemata arbeiten an verschiedenen Stellen der Welt größere Forschergruppen mit speziell dafür entwickelten Meßapparaturen. Als Beispiel, wie linienreich ein mit hoher Auflösung gemessenes Spektrum sein kann, zeigt Abb. 3 einen Ausschnitt und zwar den Energiebereich von 55 bis 300 keV aus dem β-Spektrum eines Gemisches der Pb-Isotope 197, 198 und 199. Blei hat zwar mit $Z = 82$ eine abgeschlossene Protonenschale, eine abgeschlossene Neutronenschale wäre jedoch erst mit 128 Neutronen, also bei einem Blei der Massenzahl 210 erreicht. Die genannten Bleiisotope stehen also kurz vor dem Abschluß einer Neutronenschale.

Zur Untersuchung der Beta- und Gammastrahlung benötigen wir einige Typen von *Betaspektrometern.* Beispielsweise geht bei sogenannten Crossover-Übergängen der Kern von einem höher angeregten in einen weniger angeregten Zustand über, wobei ein oder mehrere Kernniveaus übersprungen werden. Die zugehörige Gammastrahlung ist meist sehr schwach. Um solche Übergänge feststellen zu können, benötigt man ein Spektrometer *hoher Lichtstärke*, das Auflösungsvermögen ist dabei weniger wichtig. Andererseits gibt es Fälle, bei denen Gammalinien beinahe zusammenfallen. Hier ist es nötig, ein Beta-Spektrometer mit *extrem gutem Auflösungsvermögen* einzusetzen. Abb. 4 gibt ein Beispiel, wie erst mit steigender Schärfe der Linien Klarheit über das Gammaspektrum zu er-

[1]) Eine umfassende Zusammenstellung der Literaturangaben hierüber, die bis zum 1. 1. 1958 reicht, erscheint im September 1958 im Akademie-Verlag Berlin unter dem Titel: Kunz-Schintlmeister: „Tabellen der Atomkerne“, 4 Bde.

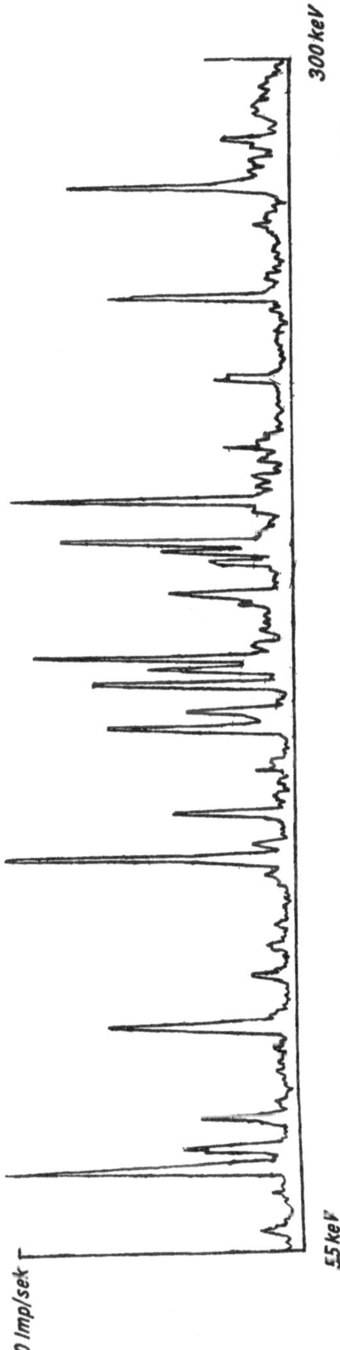

Abb. 3. Teil des β-Spektrums eines Gemisches von Pb^{197}, Pb^{198}, Pb^{199} aus der Reaktion: Tl ($p_{[100\,MeV]}$ + n) Pb; aufgenommen mit einem doppelfokusierenden Spektrometer, Auflösungsvermögen 0,3% (nach E. ARBMANN, 1955)

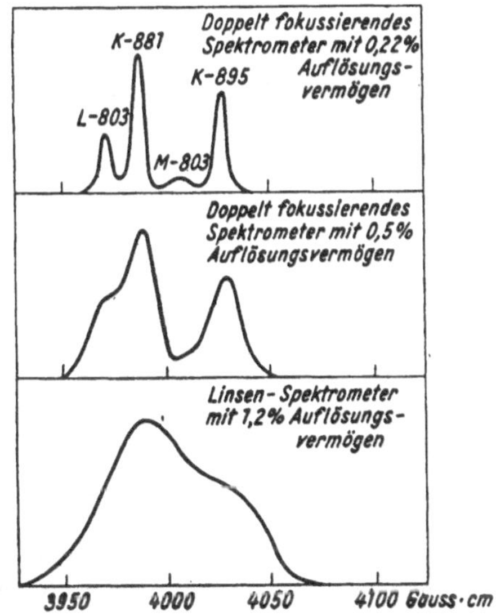

Abb. 4. Trennung von Linien mit steigendem Auflösungsvermögen des β-Spektrometers (nach D. E. ALBURGER). Wiedergegeben ist ein Teil des Spektrums der Elektronen der inneren Konversion, emittiert beim E-Einfang von $_{83}Bi^{206}$

reichen ist. Selbstverständlich müssen wir die spektrometrischen Messungen mit *Koinzidenzmessungen* kombinieren, um festzustellen, welche Beta- und Gammastrahlen aufeinander folgen und welche nicht. Da die Betaspektrometer mit magnetischer Ablenkung der Strahlen unterhalb einer Strahlenergie von etwa 80 keV kaum zu verwenden sind, ist es weiter nötig, spezielle Apparaturen zu bauen, um auch bei kleinen Energien der Gammastrahlen Messungen vornehmen zu können. Verwendung finden dabei insbesondere mit Krypton gefüllte *Proportionalzählrohre* in Verbindung mit einem *Impulsanalysator*. Eine solche Apparatur ist auch nötig, um Probleme des radioaktiven *E*-Einfanges studieren zu können. Bei diesem Prozeß tritt ja vielfach nur Röntgenstrahlung auf.

Bei einem Zerfallsschema interessiert nicht nur die Anregungsenergie für die verschiedenen Niveaus und die richtige Zuordnung von Beta–Gamma- und Gamma–Gamma-Kaskaden, sondern auch die Feststellung von Spin und Parität der Niveaus, der Multipolordnung der Gammastrahlen und so weiter. Hierzu sind Untersuchungen der inneren Konversion und der Winkelkorrelationen vorzunehmen.

Theoretische Vorarbeiten sind im Bereich „Physik der Atomkerne" auf dem Gebiete der inneren Konversion geleistet worden.

Bei der inneren Konversion geht der Atomkern aus einem angeregten in einen energetisch niedrigeren Zustand über, indem die Anregungsenergie unmittelbar auf ein Hüllenelektron übertragen wird. Dieses besitzt demnach eine kinetische Energie, die gleich der Energie des Überganges weniger der Ablösearbeit des Hüllenelektrons ist. Als Koeffizient der inneren Konversion wird das Verhältnis der Wahrscheinlichkeit der Emission eines Konversionelektrons zur Wahrscheinlichkeit eines Überganges unter Emission eines Gamma-Quantes bezeichnet. Der *Konversionskoeffizient* läßt sich berechnen. Er hängt ab von der Kernladungszahl des angeregten Atoms, der Parität des Niveaus, weiter davon, von welcher Schale das Hüllenelektron emittiert wird und schließlich noch von der *Multipolordnung des Gammastrahles*. Legt man der Rechnung die Annahme zu Grunde, daß der Kern punktförmig sei, so ist die Übereinstimmung von berechneten und gemessenen Konversionskoeffizienten immerhin so gut, daß sich die Multipolordnung und Parität des Überganges festlegen läßt. Bei sehr genau gemessenen Konversionskoeffizienten zeigen sich jedoch Abweichungen von dem berechneten Wert, die in der Unvollständigkeit der Theorie ihre Erklärung finden. Die Konversionskoeffizienten lassen sich genauer berechnen, wenn man die Annahme des „punktförmigen" Kernes fallen läßt und die endliche Abmessung des Kernes berücksichtigt. Es ist nicht ausgeschlossen, Aufschlüsse über die Kernstruktur zu

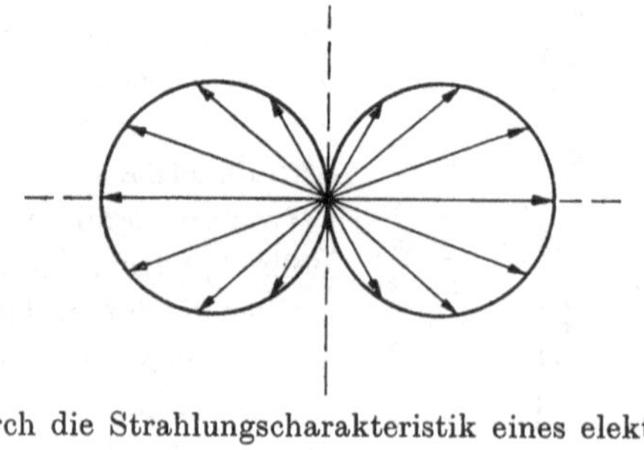

Abb. 5. Schnitt durch die Strahlungscharakteristik eines elektrischen Dipols E 1

erhalten, indem man die Matrixelemente, welche den Konversionskoeffizienten als Korrektur beeinflussen, nach verschiedenen Kernmodellen berechnet und sehr exakte Messungen der Konversionskoeffizienten durchführt. Auch die *Winkelkorrelation* zweier aufeinander folgender Gammastrahlen läßt auf die Multipolordnung des Überganges schließen. In Abb. 5 ist die Strahlungscharakteristik eines elektrischen Dipoles E 1 dargestellt. Würde man alle Kerne einer Probe mit ihrer Spinachse parallel zueinander orientieren, so würden die Gammastrahlen der Type E 1 die dargestellte räumliche Intensitätsverteilung aufweisen. Eine gewisse räumliche Orientierung läßt sich zwar durch ein *Magnetfeld* und gleichzeitige Anwendung sehr *tiefer Temperaturen* erzielen. Es ist aber bei Vorliegen einer Kaskade von zwei aufeinanderfolgenden Gammastrahlen bequemer, die Strahlungscharakteristik und damit die Multipolordnung durch *Koinzidenzmessungen* bei verschiedenen Winkeln zu bestimmen. Der erste Gammastrahl legt dabei die räumliche Orientierung des Kernes fest. Dies allerdings mit einer gewissen Verwaschung, verursacht durch die Strahlungscharakteristik. In Abb. 6

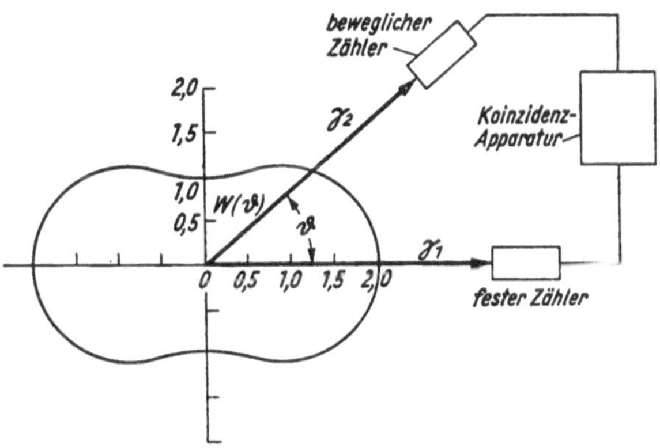

Abb. 6. Versuchsaufbau zur Messung der Winkelkorrelation und die Wahrscheinlichkeit für Koinzidenzen bei einer E 1–E 1-Kaskade von zwei Gammastrahlen

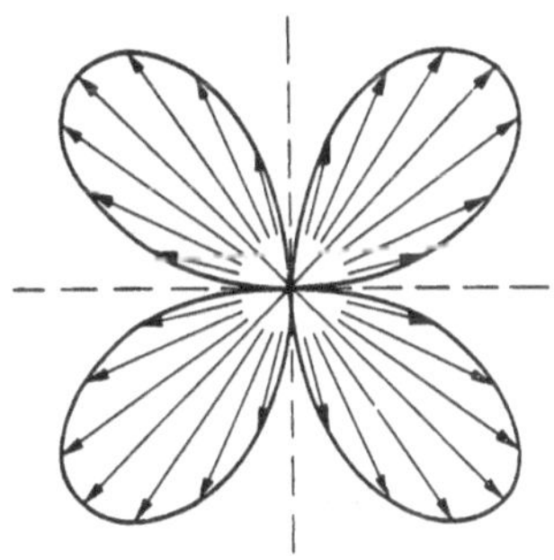

Abb. 7. Strahlungscharakteristik eines elektrischen Quadrupoles E 2

ist das Verfahren veranschaulicht. Im Mittelpunkt des Versuchsaufbaues liegt das radioaktive Präparat, ein fester und ein schwenkbarer Zähler messen durch Ausblendung nur Gammastrahlen, die von dem Präparat in einer scharf definierten Richtung ausgesandt werden. Eine Koinzidenzapparatur sondert unter den vielen registrierten Gammastrahlen diejenigen aus, die unmittelbar aufeinander folgen. Eine Mittelbildung über den Erwartungswert von Koinzidenzen bei beliebiger Orientierung des Kernes, jedoch fest eingestelltem Winkel, führt zu der in Abb. 6 eingezeichneten Kurve der Winkelkorrelation bei einer E 1–E 1-Gamma-Kaskade. Eine solche Kaskade ist allerdings bisher noch bei keinem Kern experimentell gefunden worden. Am häufigsten kommen *elektrische Quadrupolübergänge* vor. Abb. 7 zeigt die Strahlungscharakteristik eines elektrischen Quadrupoles E 2. Zwei aufeinanderfolgende Gammastrahlen, von denen jeder die Multipolordnung E 2 aufweist, werden beispielsweise von dem bekannten Körper *Cobalt 60* (*5,3 Jahre*) nach erfolgtem β-Zerfall emittiert. Die berechnete Winkelkorrelation dieser Gammakaskade ist in Abb. 8 durch die ausgezogene Linie dargestellt. Das Diagramm ist in rechtwinkligen Koordinaten gezeichnet und nicht in Polarkoordinaten wie in Abb. 6. Die gemessenen Werte sind in Abb. 8 als Kreise eingetragen. Man sieht, daß die Übereinstimmung zwischen Theorie und Experiment ganz vorzüglich ist. Über den Crossover-Gammastrahl mit einer Energie von 3,83 MeV, der das Niveau 1,33 MeV überspringt und der im Zerfallsschema nicht eingezeichnet ist, liegen nur unsichere Messungen vor. Jedenfalls ist dieser Crossover-Gammastrahl so schwach, daß seine Intensität kaum über der Nachweisgrenze der Meßapparaturen liegt.

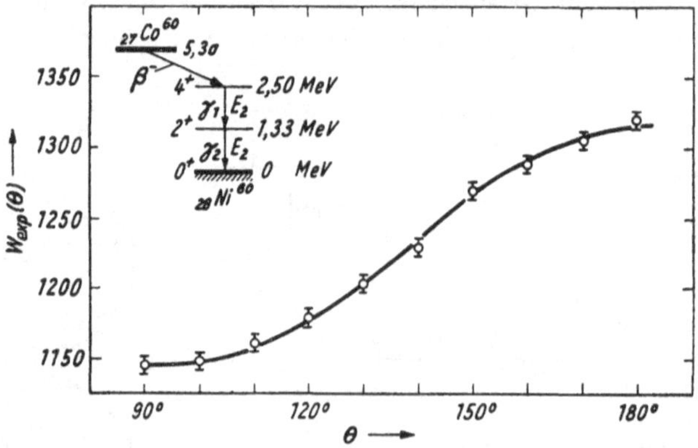

Abb. 8. Winkelkorrelation der beiden Gammastrahlen, die von $_{27}Co^{60}$ emittiert werden. Die Meßpunkte sind als Kreise eingetragen, die ausgezogene Kurve ist berechnet (Nach R. M. STEFFEN, 1955.)

b) Kernreaktionen

Neben der Aufklärung von Zerfallsschemata radioaktiver Körper haben wir vor, auch Kernreaktionen zu studieren. Von dem Mechanismus einer Kernreaktion kann man sich zwei verschiedene Vorstellungen machen. Nach der einen verschmilzt das Geschoß mit dem getroffenen Kern und bildet mit ihm einen „Compoundkern“ oder „Zwischenkern“. Die Energie, die als Bindungsenergie des Geschosses an den Kern frei wird und die kinetische Energie, die das Geschoß mitbringt, werden auf alle Kernbausteine statistisch verteilt. Der angeregte Zwischenkern geht in einen energetisch tieferen Zustand über, wobei ein oder mehrere Teilchen emittiert werden. Hat das Geschoß keinen Drehimpuls in bezug auf den gemeinsamen Schwerpunkt des Systems, ist also die Quantenzahl des Bahndrehimpulses $l = 0$, so ist die Emission eines Teilchens für jede Richtung gleich wahrscheinlich. Man beobachtet also eine kugelsymmetrische Verteilung der Emissionsrichtungen, wie sie die ausgezogene Kurve der Abb. 9 veranschaulicht. Wenn die Bahndrehimpuls-Quantenzahl zwischen Geschoß und getroffenem Kern gleich Eins ist, so liefert die Theorie der Compoundkern-Vorstellung die gestrichelte Kurve der Abb. 9 und bei $l = 2$ die strichpunktierte Kurve. Man sieht, daß die *Winkelverteilung* in allen Fällen *symmetrisch in bezug auf die Vorwärts- und Rückwärtsrichtung ist.* Diese Eigenschaft rührt davon her, daß sich eben die Anlagerungsenergie auf alle Kernbausteine verteilt, der Vorgang der Bildung des Compoundkernes also für die Art seines Zerfalles ohne Bedeutung ist.

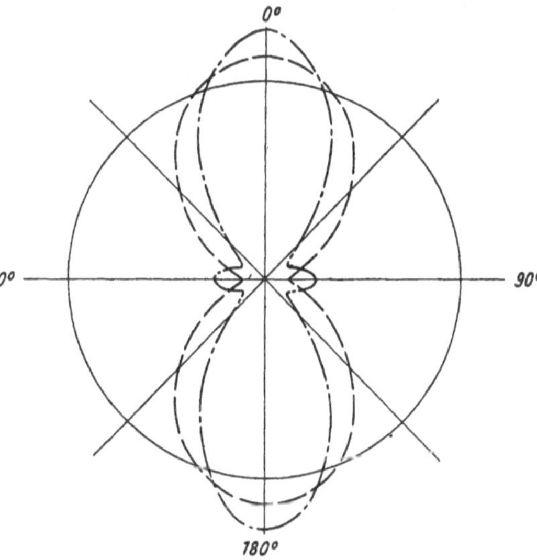

Abb. 9. Theoretische Winkelverteilung bei Compoundkern-Reaktionen (nach WOLFENSTEIN). Bei einer Bahndrehimpuls-Quantenzahl zwischen Geschoß und getroffenem Kern von $l = 0$ gilt der voll ausgezogene Kreis, bei $l = 1$ die gestrichelte Kurve und für $l = 2$ die strichpunktierte Kurve. Die Winkelverteilung ist in Vorwärts- und Rückwärtsrichtung symmetrisch

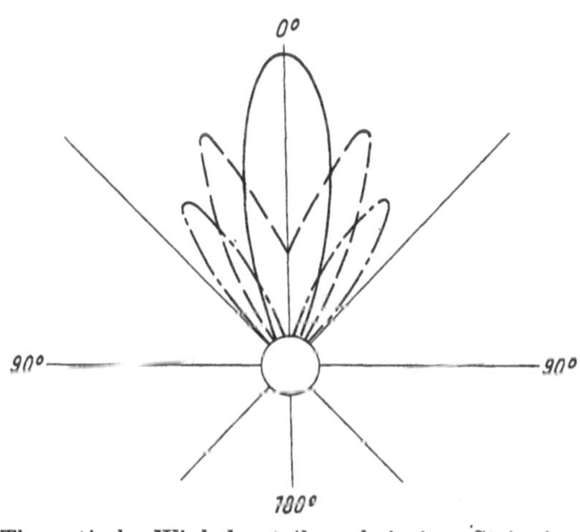

Abb. 10. Theoretische Winkelverteilung bei einer Stripping-Reaktion (nach BUTLER). Die voll ausgezogene Kurve gilt bei einer Bahndrehimpuls-Quantenzahl $l = 0$, die gestrichelte Kurve für $l = 1$ und die strichpunktierte für $l = 2$. Die Verteilung innerhalb des Kreises um den Nullpunkt gibt Abb. 11 in zehnmal größerem Maßstab wieder

Nach dem anderen Bild, dem der „direkten Reaktion", wie sie zum Beispiel beim „Deuteron-Stripping-Prozeß" vorliegt, reagiert das Geschoß nur mit einem einzigen oder nur wenigen Nukleonen des getroffenen Kernes. Für die Stripping-Reaktion, also den Prozeß (d, p), liefert die Theorie die in Abb. 10 und 11 dargestellten Winkelverteilungen. Wiederum bedeuten die ausgezogenen Kurven die berechnete Verteilung bei der Bahndrehimpuls-Quantenzahl $l = 0$. Bei $l = 1$ erhält man die gestrichelte Verteilung und bei $l = 2$ die strichpunktierte. Abb. 11 gibt die Winkelverteilung in der Umgebung des Nullpunktes in Abb. 10 zehnfach vergrößert wieder. Wie man sieht, ist bei der Stripping-Reaktion die *Vorwärtsrichtung stark bevorzugt.*

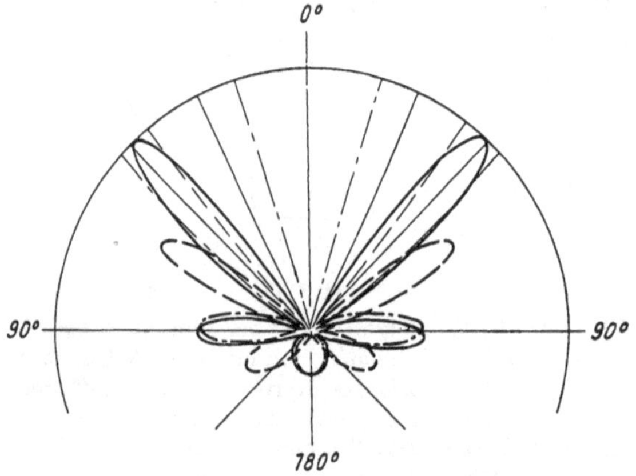

Abb. 11. Die Umgebung des Nullpunktes in Abb. 10 in zehnfach vergrößertem Maßstabe

Messungen der Winkelverteilung können beispielsweise mit einer Apparatur nach Abb. 12 vorgenommen werden. Dabei werden die Bahnspuren der emittierten Teilchen in *Kernphotoemulsionen* festgehalten. Es ist auch möglich, die Winkelverteilung mit *richtungsempfindlichen Zählrohren* und elektrischen Verstärkern zu messen.

Die experimentellen Ergebnisse decken sich nun keineswegs immer mit einer der beiden Vorstellungen. Die beiden Mechanismen der Kernreaktion treten vielmehr als Grenzfälle auf. Dies ist auch verständlich. Bleibt nicht genügend Zeit, daß sich bei einer Compoundkern-Reaktion die Anregungsenergie auf alle Nukleonen statistisch verteilt, so werden sich Züge einer „direkten Reaktion" im experimentellen Ergebnis finden lassen und andererseits ist bei der starken Wechselwirkung zwischen den Nukleonen zu erwarten, daß sich die „direkten Reaktionen" nicht immer rein ausbilden. Die Anregungsenergie wird sich auch bei diesem Typ von Kernreaktionen in mehr oder minder großem Maße auf eine Anzahl von Nukleonen verteilen. Man kann bei der erstgenannten Reaktion erwarten, daß der Zerfall des Compoundkernes nicht mehr unabhängig davon ist, wie er entstand.

Um das „*Gedächtnis*" *des Compoundkernes* zu prüfen, kann man denselben Compoundkern auf verschiedene Weise erzeugen und nach Unterschieden beim Zerfall in den energetisch tieferen Zustand des Systems suchen. Zum anderen kann auch die Untersuchung verschiedener Reaktionen mit demselben Ausgangszustand Aufschlüsse darüber bringen.

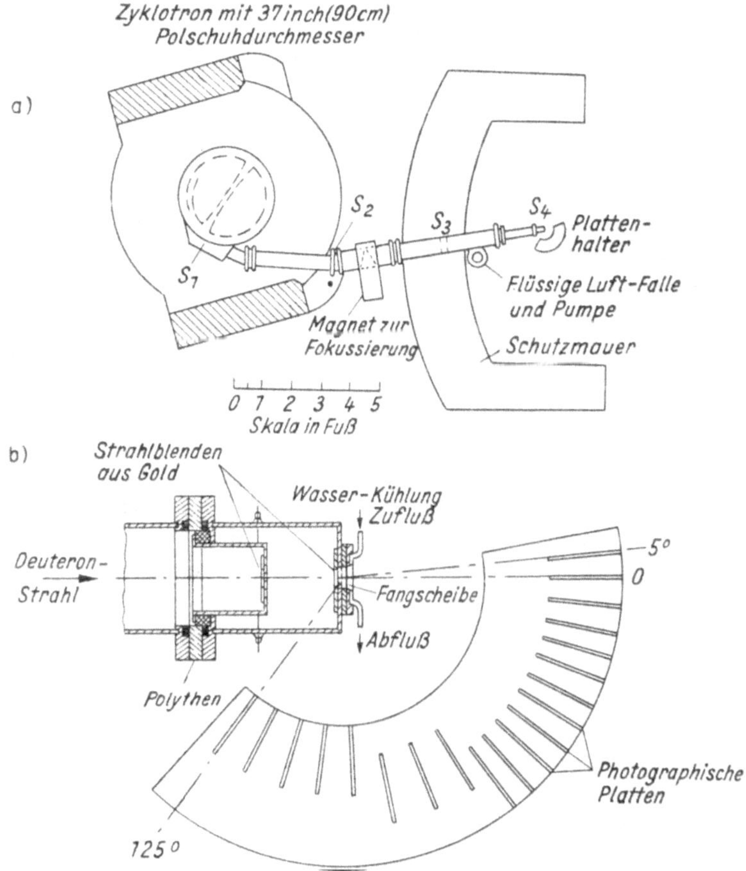

Abb. 12. Apparatur zur Untersuchung der Winkelverteilung der emittierten Teilchen mittels Kern-Photoemulsion

a) Allgemeiner Versuchsaufbau
b) Anordnung der Einzelheiten der Fangscheibe und der Halterung für die photographischen Platten

(Nach Middleton et. al. 1953)

Die wissenschaftliche Arbeit des Bereiches „Physik der Atomkerne" sucht hauptsächlich die Möglichkeiten auszuschöpfen, die uns das Zyklotron bietet. Bei der Verfolgung einer wissenschaftlichen Fragestellung wird man aber voraussichtlich diese Grenze manchmal zu überschreiten wünschen. So wurde z. B.

bereits begründet, warum es bei der Untersuchung von Compoundkernen erwünscht ist, diese auf verschiedene Weise zu erzeugen. Das erfordert natürlich verschiedene Strahlenarten, und wir planen daher auch *schwere Ionen* (Kohlenstoff, Sauerstoff, Stickstoff) mit dem Zyklotron zu beschleunigen. Dann sind wir nicht mehr auf Protonen, Deuteronen und Alpha-Teilchen beschränkt.

Jedes Großgerät der Kernphysik hat seine charakteristischen Vor- und Nachteile, die im Wesen seiner Wirkungsweise begründet sind. Unser Zyklotron liefert Teilchen hoher Energie bei *außerordentlich großer Strahlintensität.* Da Fangscheiben trotz bester Kühlung nur eine bestimmte Wärmebelastung vertragen, sind wir oft gezwungen, die Strahlintensität durch *Impulsbetrieb* zu drosseln. Solche Verhältnisse sind natürlich für die Erzeugung kurzlebiger Isotope und für die Untersuchung von Reaktionen mit kleiner Ausbeute sehr günstig. Diesem Vorteil steht der Nachteil gegenüber, daß der Strahl eine nicht unbedeutende Energieunschärfe besitzt, und daß die kinetische Energie der Teilchen nicht bequem variiert werden kann.

Die *Energieunschärfe* wird nicht erheblich unter 50 keV gedrückt werden können, wenn man nicht sehr große Intensitätsverluste infolge magnetischer Zerlegung des Strahles in Kauf nehmen will. Für die Variation der Energie gibt es zwei Methoden. Man kann die Teilchen durch Folien abbremsen, was natürlich zusätzliche Energieunschärfe ergibt, oder man kann bei Erzeugung radioaktiver Isotope die Fangscheibe nicht am äußersten Rand der Beschleunigungskammer anbringen, sondern nach dessen Zentrum hin verschieben. Da die Teilchen dort weniger Umläufe gemacht haben, besitzen sie entsprechend geringere Energie. Um unsere Experimente auch mit sehr scharf bestimmten Energien durchführen zu können, denken wir an die Anschaffung eines Van-de-Graaff-Druck-Generators. Bei diesem Gerät bleibt die Spannung an der Ionenröhre außerordentlich konstant. Die Energieverwaschung des Strahles beträgt weniger als 1 keV, und außerdem läßt sich die Energie sehr exakt und bequem in weiten Bereichen einstellen. Ein Van-de-Graaff-Generator ist also eine sehr gute Ergänzung zu einem Zyklotron. Mit dem Van-de-Graaff-Generator könnten wir auch Experimente mit *monoenergetischen Neutronen* durchführen. Es ist allgemein üblich, für solche Experimente Deuterium oder Tritium mit Deuteriumionen zu beschießen.

Die Reaktionen lauten:

$$1.\ D(d, n)\,\mathrm{He}^3 + 2{,}5\ \mathrm{MeV}$$
$$2.\ T(d, n)\,\mathrm{He}^4 + 14{,}1\ \mathrm{MeV}.$$

Man rechnet mit Hilfe des Energie- und Impulssatzes leicht aus, daß die erzeugten Neutronen in der *Vorwärtsrichtung* mehr kinetische Energie besitzen als in der *Rückwärtsrichtung.* Macht man die Nachweisapparatur in einem Halbkreis um die Stelle der Deuterium- oder Tritiumreaktion schwenkbar, so hat man eine sehr bequeme Möglichkeit, die Neutronenenergie zu variieren.

In Abb. 13 ist dargestellt, zwischen welchen Grenzen die Neutronenenergie in Abhängigkeit von der Beschleunigungsspannung, die der Van-de-Graaff-Generator erzeugt, liegt. Man sieht, daß bei einer *Beschleunigungsspannung von etwa 8 MeV* das Gebiet von *1,3 bis 22 MeV Neutronenenergie lückenlos* mit Hilfe der beiden Reaktionen überstrichen werden kann, während bei kleineren Spannungen eine Lücke bestehen bleibt. Diese ist jedoch bei manchen Experimenten, z. B. bei Messungen des Wirkungsquerschnittes in Abhängigkeit von der Neutronenenergie, unerwünscht.

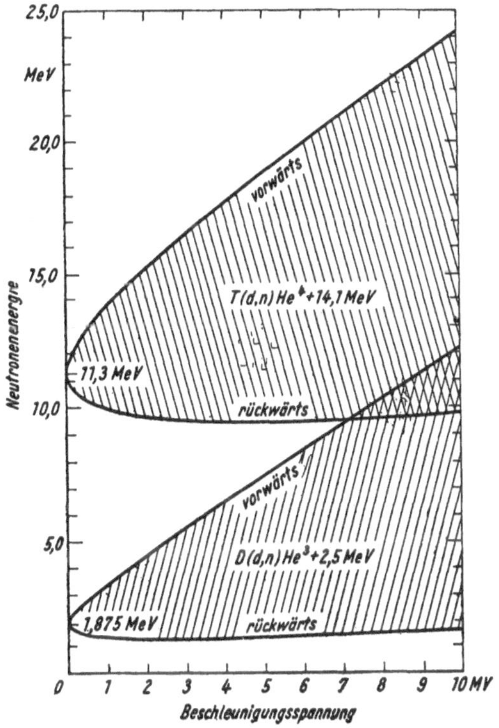

Abb. 13. Die Neutronenenergie in Vorwärts- und Rückwärtsrichtung für die *d–D*- und *d–T*-Reaktion

Die beiden genannten Kernreaktionen, die als Neutronenquelle häufig verwendet werden, setzen bekanntlich bei niedriger Spannung mit guter Ausbeute ein. In Abb. 14 ist daher der Anfangsteil von Abb. 13 in vergrößertem Maßstabe nochmals wiedergegeben. Aus der Abbildung sieht man, daß ein *d*–D-Generator mit etwa 100 kV Spannung an der Ionenröhre monoenergotische Neutronen von 1,9 MeV liefert und mit der d–T-Reaktion Neutronen von etwa 11 MeV erzeugt.

Ich bin damit am Ende meines Vortrages angelangt. Ziel meiner Ausführungen war, Ihnen zu zeigen, wie die Probleme beschaffen sind, die wir im Bereich „Physik der Atomkerne" mit unserem Zyklotron untersuchen wollen. Es sind Probleme der *Grundlagenforschung*. Im Grunde genommen ist unser Wissen über Atom-

kerne und Kernprozesse erstaunlich niedrig, jedenfalls erheblich niedriger, als Fernerstehende anzunehmen geneigt sind. Die Anwendung der Kernphysik, die Kerntechnik, eilt der wissenschaftlichen Erkenntnis ihrer Grundlagen weit voraus — eine Entwicklung, die wir in der Geschichte der Technik sehr oft beobachten können. Schon diese Situation allein macht es notwendig, daß Grundlagenforschung neben der technischen Anwendung betrieben wird. Denn nur auf der Grundlagenforschung bauen sich weitere technische Fortschritte, oft sogar unvermittelt, auf.

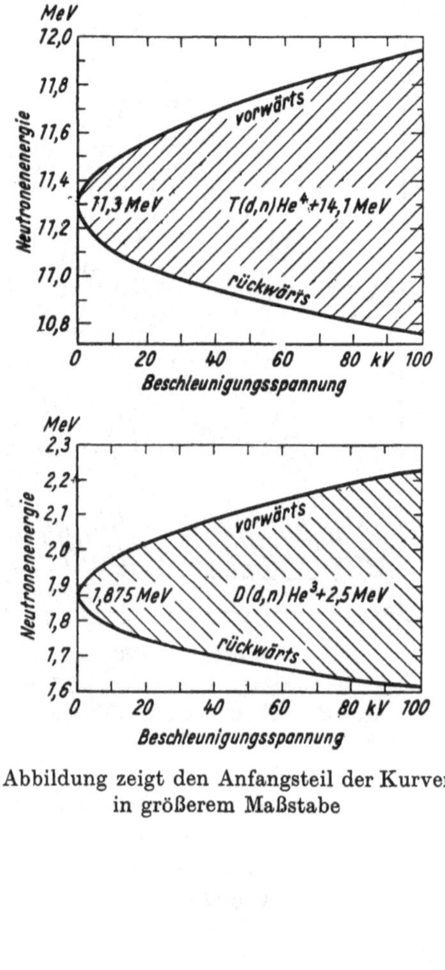

Abb. 14. Die Abbildung zeigt den Anfangsteil der Kurven der Abb. 13 in größerem Maßstabe

Das Zyklotron-Laboratorium

Teilansicht des Zyklotrons während des Betriebes

Mitte: Protronenstrahl, der die Luft zum Leuchten anregt. Oben und unten: Spulen zur Erregung des Magnetfeldes. Rechts neben dem Strahlaustritt: Die Einführung der Ionenquelle. Links sind zwei Servomotoren für die Shim-Verstellung sichtbar

Einige kerntechnisch interessante Werkstoffprobleme

von FRITZ THÜMMLER

(Vortrag, gehalten in der öffentlichen Sitzung des Wissenschaftlichen Rates für die friedliche Anwendung der Atomenergie am 16. 12. 1957 in Dresden)

Meine Damen und Herren!

In den letzten 10 oder 15 Jahren hat sich im Rahmen der wissenschaftlich-technischen Forschung mit dem Ziele der Nutzbarmachung der Atomenergie ein Arbeitsgebiet herausgebildet, innerhalb dessen sich Metallkunde bzw. Werkstoffkunde und Kerntechnik berühren. Es ist hervorgegangen aus den Erfordernissen des Baues von Kernreaktoren im Hinblick auf die Anwendbarkeit der verschiedensten Werkstoffe und Werkstoffgruppen, wobei deren Beständigkeit gegenüber den zahlreichen Einflüssen im Reaktor einschließlich der Strahlenbeständigkeit sowie die Erfordernisse der Neutronenökonomie im Vordergrund stehen. Es liegt auf der Hand, daß dieses Gebiet für jedes Land, das sich mit Fragen der friedlichen Anwendung der Atomenergie beschäftigt, von großer Bedeutung ist. Ich darf die Inbetriebnahme des ersten Kernreaktors in der Deutschen Demokratischen Republik zum Anlaß nehmen, Sie auf dieses Arbeitsgebiet hinzuweisen, das neben dem unmittelbaren technischen Interesse auch wissenschaftlich größte Aktualität besitzt.

Unter Herauslassung aller mit der eigentlichen Metallgewinnung zusammenhängenden Probleme können die Aufgaben eines solchen Arbeitsgebietes etwa wie folgt zusammengefaßt werden:

A. Kerntechnisch bedeutungsvolle Werkstoffe (bes. Reaktorwerkstoffe)

Legierungskunde, mechanische und physikalische Eigenschaften, Verträglichkeit, Korrosion, Wärmebehandlung u. a.; Ermittlung günstiger Legierungssysteme.

B. Strahlenwirkungen

Eigenschaftsänderungen und Mechanismus der Strahlenwirkung; bei z. B.: Reaktor- und anderen Metallen und Legierungen, Hochpolymeren, Halbleitern u. a.; Änderung chemischen Verhaltens nach oder bei Strahlungseinwirkung.

Hierbei sind die beiden Gruppen nicht eindeutig gegeneinander abzugrenzen. Im Rahmen dieses kurzen Vortrages können verständlicherweise nur einige wenige Probleme besprochen und angedeutet werden, zweckmäßig solche, die mit

Brennstoffelementen von Wasser–Wasser-Reaktoren zusammenhängen. Die Besprechung beschränkt sich, wie angedeutet, auf die Eigenschaften und das Verhalten der Materialien unter den verschiedenen interessierenden Beanspruchungen. Auch auf dem Gebiet der Strahlenwirkungen werden nur wenige Fälle herausgegriffen.

Als besonders wichtig und interessant ist das Verhalten der Spaltmaterialien (Kernbrennstoffe) anzusehen, von welchen nur das Uran und einige uranreiche Kombinationen betrachtet werden sollen.

TABELLE 1

Modifikationen des Urans

α-U	orthorhombisch	668° C
β-U	tetragonal	668—774° C
γ-U	kubisch-raumzentr.	774—1132° C (Schmelzpunkt)

Auf Grund seiner mechanisch-thermischen und auch chemischen Eigenschaften muß reines Uran als ein für den Reaktorbetrieb durchaus ungeeignetes Metall angesprochen werden. Es zeigt nach längeren Betriebszeiten sehr unerwünschte Gestalts- und Volumenänderungen, die je nach seiner Vorbehandlung in mehr oder weniger starkem Maße auftreten. Diese hängen einerseits damit zusammen, daß Uran in verschiedenen, innerhalb definierter Temperaturbereiche beständigen Modifikationen auftritt und somit verschiedene Umwandlungspunkte besitzt (Tab. 1). Beim häufigen Durchschreiten z. B. der α–β-Umwandlung treten starke Volumenveränderungen auf, die sich vor allem in einer Zerklüftung der Oberfläche und in gewissen Dimensionsänderungen bemerkbar machen. Andererseits weisen α- und β-Uran bemerkenswerte Eigenschaftsanisotropien auf, die mit ihrer Gitterstruktur zusammenhängen. In Abb. 1 ist die Temperaturabhängigkeit der Gitterparameter des α-Urans in den 3 verschiedenen Richtungen dargestellt. Während in Richtung der a-Achse und der c-Achse ([100] und [001]) mit steigender Temperatur eine (temperaturabhängige) Expansion auftritt, wird in b-Richtung ([010]) eine ziemlich be-

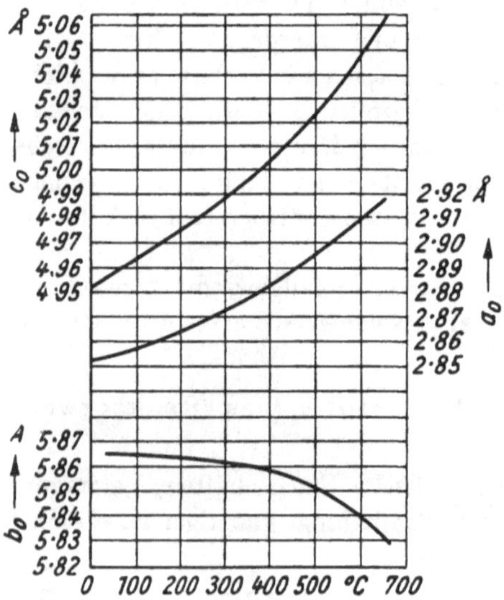

Abb. 1. Abmessungen der Elementarzelle von α-Uran in Abhängigkeit von der Temperatur (nach Bridge, Schwartz und Vaughan)

deutende Kontraktion festgestellt. Die entsprechenden linearen Ausdehnungskoeffizienten betragen zwischen 25° C und 625° C etwa:

$$[100] : 35{,}8 \cdot 10^{-6}/° ; \quad [010] : -9{,}3 \cdot 10^{-6}/° \ (!!); \quad [001] : 33{,}2 \cdot 10^{-6}/°$$

Dies bedingt beim Einkristall eine makroskopische Kontraktion während des Erwärmens — innerhalb des α-Gebietes — in einer Richtung, die solange reversibel ist, wie die einkristalline Form beim Temperaturwechsel gewahrt bleibt. Da beim

Abb. 2. Oberflächenveränderungen einer ursprünglich glatten Oberfläche von gegossenem Uran nach 300 Temperaturwechseln zwischen 50 und 500° C (2-fach) (nach CHISWIK und KELMAN)

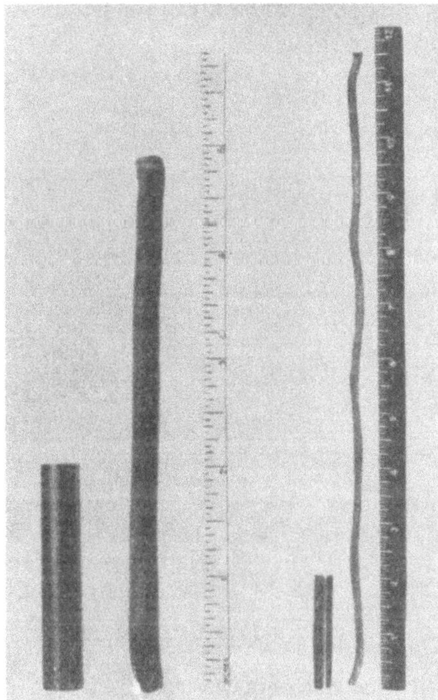

Abb. 3. Dimensionsänderung von bei 300° C gewalztem Uran nach 1300 (links) und 3000 (rechts) Temperaturwechseln zwischen 50 und 500° C (links 1-fach, rechts ½-fach) (nach CHISWIK und KELMAN)

polykristallinen Körper die Expansions- und Kontraktionsvorgänge in jedem einzelnen Kristallit nicht unabhängig voneinander auftreten können, ist hier das makroskopische Erscheinungsbild bei zunächst einmaliger Erwärmung und Abkühlung anders und der Vorgang ist vor allem nicht reversibel. Es treten innerhalb der verschieden orientierten Kristallite große Spannungen auf, die bei größerer Temperaturwechsel-Amplitude die Fließgrenze übersteigen und somit zu plastischen Deformationen führen. Diese machen sich bei nicht texturbehaftetem Material, das man z. B. beim Abschrecken aus dem β-Gebiet oder nach dem Gießen erhält, in einer reliefartigen Zeichnung der Oberfläche („wrinkling") durch Herauswachsen der (010)-Ebene (Abb. 2) bemerkbar. Liegt eine mehr oder weniger ausgeprägte Textur vor, u. a. [010] || Verformungsrichtung, wie sie durch Verformung bei geeigneten Temperaturen im α-Gebiet erzielt wird, so erhält man ein *gerichtetes Wachstum* der Uranprobe in [010]-Richtung, das bei vielfachem Temperaturwechsel eine Längenänderung um ein mehrfaches der ursprünglichen Abmessung ergeben kann (Abb. 3).

Über den Mechanismus dieser Erscheinung gibt es verschiedene Theorien. Wohl mit Sicherheit hängt der Effekt mit der beschriebenen Anomalie der thermischen Ausdehnung zusammen. Auch ist die Streckgrenze des Urans sowohl in Richtung der verschiedenen kristallographischen Achsen, als auch für Zug und Druck unterschiedlich. Diese Tatsachen und darüber hinaus die Annahme, daß die bei jedem Temperaturwechsel auftretenden Spannungen in den oberen Temperaturbereichen

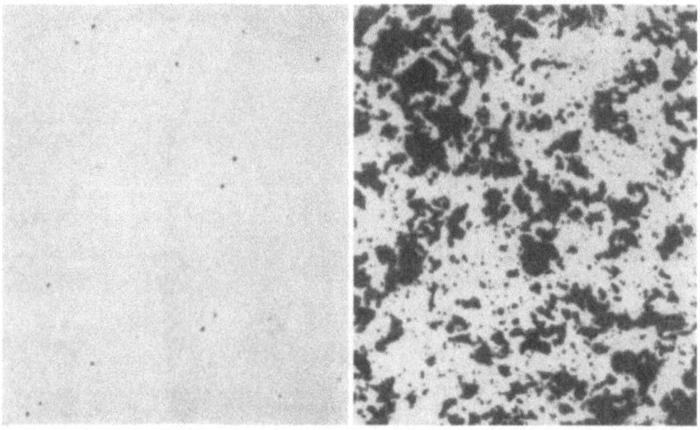

Abb. 4. Porenbildung in Uran nach 300 Temperaturwechseln zwischen 50 und 500° C
links: hochreines Uran (C = 10 — 20 ppm) (100-fach)
rechts: verunreinigtes Uran (C = 500 ppm)
(nach CHISWIK)

teilweise relaxiert werden, gestatten eine Erklärung, wobei man auch die Abhängigkeit des Ausmaßes der Formänderung von der Art des Temperaturzyklus oder von der Bestrahlungstemperatur zu deuten versucht. Auch gerichtete Diffusionsvorgänge bei der Relaxation wurden zur Deutung herangezogen.

Eine weitere bemerkenswerte Erscheinung ist die Porenbildung bei relativ unreinem hochgradig orientiertem Uran nach vielfachem Temperaturwechsel (Abb. 4). Da diese beim hochreinen Uran anscheinend ausbleibt und da viele Verunreinigungen, z. B. Kohlenstoff schon bei geringen Gehalten, als neue Phase vorliegen, kann man annehmen, daß die *Porenbildung* bevorzugt an Phasengrenzen einsetzt. Diese halten den lokalen Kontraktionen, die infolge der Eigenschaftsanomalien durch Temperaturwechsel entstehen, nicht stand und reißen auf[1]).

---

[1]) Es sei bemerkt, daß diese Art der Hohlraumbildung nichts mit derjenigen zu tun hat, die bei längerer Bestrahlung durch gasförmige Spaltprodukte auftritt.

Phänomenologisch ähnliche Veränderungen treten durch Neutronenwirkungen im Reaktor sowie durch die dabei auftretenden Spaltprodukte auf. Bei jedem Spaltprozeß werden sehr große Energiebeträge frei (ca. 200 MeV je gespaltenes U^{235}-Atom), die zum größten Teil als kinetische Energie der zum Teil gasförmigen Spaltprodukte in Erscheinung treten. Dies bedingt weitgehende Störungen des Urangitters, die etwa wie folgt zusammengefaßt werden können:

a) Bildung von Leerstellen und Zwischengitteratomen

b) Lokale Temperaturerhöhungen, die bis etwa 10^4 Grad bei einer Lebensdauer von 10^{-10}—10^{-11} sec angenommen werden. Diese kurzzeitigen, schroffen Temperaturwechsel, die sich zweifellos einer im Vergleich zum „Spaltungsort" größeren Umgebung mitteilen, führen zu Zug- und Druckspannungen und anisotropen Deformationen in Mikrobereichen.

c) Ständige Vergrößerung der Anzahl der Atome, Einlagerung von Fremdatomen, Auftreten gasförmiger Bestandteile (Krypton, Xenon).

Diese Prozesse führen zu einer „Verunreinigung" und Volumenvergrößerung des (ursprünglich sehr reinen) Urans, die sich nach längerer Bestrahlungszeit bzw. höherem Ausbrand stark bemerkbar machen. In Abb. 5 wird das Gefüge von Uran nach ca. 0,1% Ausbrand gezeigt, wobei eine *Dichteverringerung* von etwa 13% festgestellt wurde. Die *starke Porosität* wird hier vor allem durch Krypton und Xenon verursacht. Im Reaktorbetrieb spielen die unter b) und c) genannten Faktoren offensichtlich die größte Rolle und die besonders durch c) auftretenden Dichteverringerungen bezeichnet man im angelsächsischen Schrifttum als „Swelling".

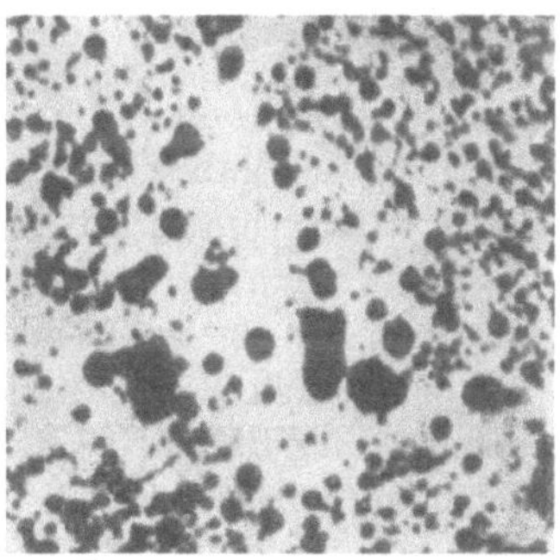

Abb. 5. Porenbildung in Uran nach ca. 0,1% Ausbrand. Dichteabnahme ca. 13%. (600-fach, Fernsehaufnahme) (nach BALL)

Sowohl die *thermische* als auch die *Strahlenbeständigkeit* des Urans sind *für den Reaktorbetrieb von größter Wichtigkeit*, da unter ungünstigen Umständen die Volumenänderungen zu wesentlichen Veränderungen der Geometrie der Spaltstoffelemente oder sogar zur Zerstörung ihrer Umhüllungen führen können. Der damit verbundene Übertritt hoher Aktivitäten in das umgebende Medium führt stets zu großen Unannehmlichkeiten. Beide ziemlich verwickelten Erscheinungsgruppen hängen phänomenologisch, teilweise auch hinsichtlich ihres Mechanismus zusammen; so können die unter b) genannten lokalen Temperaturerhöhungen als Temperaturwechsel beschrieben werden, wobei man allerdings annehmen muß, daß der durch sie bedingte Verformungsmechanismus wegen der sehr hohen Erhitzungs- und Abkühlungsgeschwindigkeit ein anderer ist als beim „makroskopischen" Wechsel. Im allgemeinen kann erwartet werden, daß eine Erhöhung der Fließgrenze und der Kriechfestigkeit nicht nur den „Swelling"-Effekt, sondern auch die Volumenbeständigkeit nach Temperaturwechsel verbessert. Wenn auch solche Zusammenhänge als keineswegs quantitativ geklärt anzusehen sind, so ist es doch offensichtlich, daß eine Anzahl Faktoren, die zur Verbesserung der thermischen Beständigkeit führen, auch eine Erhöhung der Strahlenfestigkeit zur Folge haben.

In der Vergangenheit erfolgte in mehreren Ländern eine umfangreiche Forschungsarbeit zur *Klärung dieses Verhaltens* und vor allem zu dessen *Verbesserung*. Hierbei sei gleich vorausgeschickt, daß das Auftreten z. B. der Spaltprodukte natürlich niemals verhindert werden kann, man kann jedoch das Spaltmaterial so gestalten, daß deren „metallographische" Wirkung und auch die Wirkung der anderen Faktoren möglichst abgeschwächt in Erscheinung tritt. Allgemein wird die *Tendenz zu Volumenänderungen verringert* durch

1. Erzielung eines bestimmten Gefüges (einphasig, ohne Vorzugsrichtungen, feinkörnig)
2. Unterdrückung bzw. Vermeidung von Eigenschaftsanisotropien
3. Hohe Festigkeit, besonders Kriechfestigkeit
4. Verwendung eines Hüllenmaterials hoher Festigkeit.

Ein geeignetes Gefüge wird im allgemeinen durch *Warmverformung* und anschließende *Wärmebehandlung* erzielt. Den Forderungen 2 und 3 kann man vor allem durch *geeignete Legierungszusätze* zum Uran oder durch Einsatz von *Uranverbindungen* und pulvermetallurgischen *Uran-Verbundwerkstoffen* Rechnung tragen. So kann die recht geringe Kriechfestigkeit des reinen Urans z. B. durch Molybdän, Zirkonium, Chrom, Niob oder Silizium stark erhöht werden, wobei man entweder eine kubische „isotrope" kriechfeste γ-Struktur zu erzielen beabsichtigt oder die Kriechfestigkeit der α-Struktur möglichst verbessert, z. B. durch reichliche Anwesenheit intermetallischer Phasen. Es sind bisher eine größere Anzahl von Legierungen und Verbundsystemen auf ihre Strahlenfestigkeit untersucht und bedeutende Erfolge erzielt worden, bei Fragen des praktischen Einsatzes muß jedoch immer deren Neutronenökonomie mitberücksichtigt werden. Anscheinend stehen in jüngster Zeit U–Zr–Nb- und U–Si-Legierungen im Vordergrund des Interesses. Die an sich sehr strahlenfesten U–Mo-Legierungen mit Mo-Gehalten von 9—12% haben jedoch einen recht hohen Absorptionsquerschnitt. Man versucht gleichzeitig, durch die Legierungsbestandteile dem Spaltstoff eine möglichst gute Korrosionsbeständigkeit zu verleihen, damit bei eventueller Havarie der Umhüllung die Verseuchung des Kühlkreislaufes in engen Grenzen bleibt. Es gelang bisher jedoch nicht, auch unter Strahlung korrosionsfeste und formbeständige Legierungen zu entwickeln.

Von den Verbindungen des Urans wurde bisher vor allem das UO_2 als Kernbrennstoff eingesetzt, daneben wird in neuester Zeit öfters auf das Urankarbid UC sowie UC–U-Verbundwerkstoffe und gelegentlich auch auf andere uranhaltige Verbundkörper hingewiesen. Sowohl UO_2 als auch UC besitzen einige sehr bedeutende Vorteile, von denen besonders die hohe Festigkeit innerhalb des einzelnen Kornes und das Fehlen kristallographischer Umwandlungen und Eigenschaftsanisotropien zu nennen sind. Demgegenüber stehen die relativ schlechte Wärmeleitfähigkeit des UO_2 gegenüber dem Metall, die während des Reaktorbetriebes sehr hohe Temperaturen innerhalb des Materials mit sich bringt, sowie die Sprödigkeit. Hierdurch wird jedoch der Einsatz des UO_2 nicht entscheidend behindert. Das Urankarbid UC besitzt noch den besonderen Vorteil, daß es mehr als 95% Uran enthält, also der „Verdünnungseffekt" des Kohlenstoffes auf den spaltbaren Anteil sehr gering ist. Bei UC–U-Kombinationen, bei denen der Anteil an freiem Uran als Bindemetall für die Karbidphase aufzufassen ist, ist der U-Anteil noch größer, wobei gleichzeitig eine bedeutende Zunahme der Zähigkeit gegenüber dem reinen, sehr spröden UC erzielt wird. Man hat offensichtlich bei den UC-Kombinationen große Variationsmöglichkeiten hinsichtlich der Erzielung

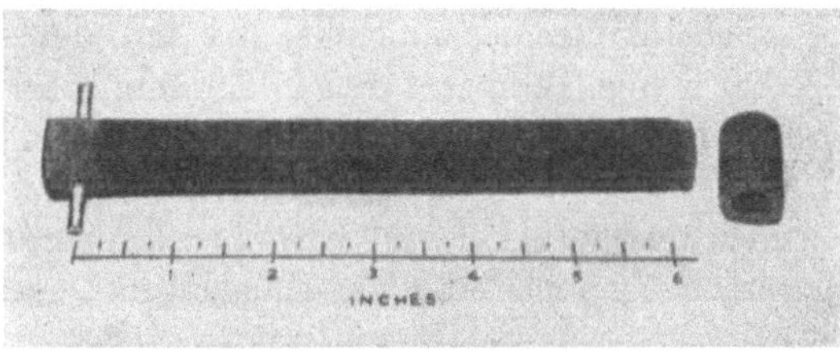

Abb. 6. Gesintertes Urankarbidrohr (UC) (nach Barnes, Munro, Thackray, Williams und Murray)

verschiedener Eigenschaftswerte einschließlich der Strahlenbeständigkeit, die nicht notwendigerweise beim sehr spröden reinen UC am größten sein muß. Die Herstellung von Formkörpern der genannten Verbindungen geschieht auf keramischem und pulvermetallurgischem Wege, wobei verschiedene, hier nicht näher zu erörternde Vorsichtsmaßnahmen zu beachten sind. Abb. 6 zeigt ein gesintertes Rohr aus reinem Urankarbid.

Auf dem Gebiete des Kernbrennstoffes Uran eröffnet sich ein weites Feld wissenschaftlich-technischer Arbeit, die sowohl in Richtung geeigneter Uranlegierungen als auch der sehr interessanten keramischen und pulvermetallurgischen Kombinationen erfolgen muß.

Die zweite, ebenfalls besonders wichtige Werkstoffgruppe stellen die Hüllenmaterialien dar. Im Wasser–Wasser-Reaktor kommen hier wohl nur Aluminium und Zirkonium bzw. einige ihrer Legierungen in Betracht, unter bestimmten Bedingungen auch nichtrostende Stähle. Hinsichtlich ihrer Eigenschaften ist zu fordern: kleiner Absorptionsquerschnitt für thermische Neutronen, genügende Festigkeit einschließlich Kriechfestigkeit, Korrosionsbeständigkeit gegen das Kühlmittel, geringe Reaktionsfähigkeit mit dem Spaltstoff sowie ausreichende Verarbeitbarkeit.

Für wassergekühlte Reaktoren, die bei Kühlmittel-Temperaturen bis 100° C arbeiten, ist *Reinaluminium* (außer als Brennelementenhülle auch für andere

Konstruktionsteile) gut brauchbar. Hier sind im wesentlichen die üblichen Gesichtspunkte hinsichtlich deren Korrosion zu beachten, so vor allem: Abwesenheit von korrosionsfördernden Fremdmetallanteilen — sowohl im Metall als auch im Wasser — sowie Abwesenheit von Halogenionen. In Hochtemperaturwasser verhält sich Aluminium jedoch weit schlechter, z. B. liegt die Einsatzgrenze für 99,5 Al bei etwa 200° C. Besonders bemerkenswert ist, daß Reinst-Aluminium viel unbeständiger ist als normale Handelsqualität, wie z. B. 99,5%iges Al und daß selbst Legierungen mit z. B. 0,5% Cu gegen Druckwasser relativ beständig sind. Das steht im krassen Gegensatz zum Verhalten des Aluminiums und seiner Legierungen gegen Wasser bis etwa 100°, und es ist zu betonen, daß die Korrosionseigenschaften von Aluminiumwerkstoffen in Wasser bis 100° in keiner Weise Beziehung haben zum Verhalten in Druckwasser. Die Gründe liegen in einem weitgehend anderen Schädigungsmechanismus, der mit der steigenden Dissoziation des Wassers bei hohen Temperaturen in Zusammenhang gebracht wird. Während unter normalen Bedingungen die Lokalelementbildung und eine etwaige Unmöglichkeit der Aufrechterhaltung einer dichten und schützenden Deckschicht die korrosionsfördernden Momente sind, sind bei hohen Temperaturen Wasserstoffaufnahme und Blasenbildung im Metall ausschlaggebend. Anwesende Phasen, an denen Wasserstoff eine geringere Überspannung als am Aluminium besitzt, wirken einem (atomaren) Eintritt im Gitter entgegen, da es leichter zur molekularen gasförmigen Abscheidung an der Oberfläche kommt.

Bestimmte Legierungen, wie z. B. AlSi7Mg0,3 oder Al mit 0,5% Ni oder Cu werden als *genügend druckwasserbeständig bis 250—300°* C beschrieben. Untersuchungen in dieser Hinsicht sind auf jeden Fall wünschenswert: würde es gelingen, eine Aluminiumlegierung zu entwickeln, die bis etwa 280° oder 300° C eine genügende Betriebssicherheit in chemischer und mechanischer Hinsicht gewährleisten würde, so käme zu den infrage kommenden Hüllenwerkstoffen für Druckwasserreaktoren ein weiterer hinzu. Man kann allerdings nicht erwarten, mit Leichtmetall-Legierungen in Arbeitsgebiete hineinzukommen, die von den besten Zirkoniumlegierungen erreicht werden.

Aluminium reagiert bei Temperaturen oberhalb 200—250° C merklich mit Uran unter Bildung mehrerer intermetallischer Phasen (UAl_2, UAl_3 und UAl_{4-5}). Die Bildung besonders der letztgenannten Phase und somit die Überschreitung der angegebenen Temperatur an der Grenze Spaltstoff–Hülle muß aus verschiedenen Gründen vermieden werden. Durch Eloxierung sind jedoch die „Verträglichkeitstemperaturen" beträchtlich heraufsetzbar, da durch die oxydische Schicht die Reaktionspartner getrennt werden und ein nennswerter Materialtransport durch die Schicht — unabhängig nach welchem Prinzip — zweifellos erst bei wesentlich höheren Temperaturen erfolgt.

Der stark oxydhaltige, pulvermetallurgisch hergestellte *SAP-Werkstoff* (=Sintered Aluminium Powder) ist bisher offenbar noch nicht als Konstruktionsmaterial herangezogen worden. Die besonderen Eigenschaften des SAP, wie seine hohe Härte und vor allem seine bis etwa 400° kaum abfallende Festigkeit lassen das Material vom mechanischen Standpunkt als sehr geeignet erscheinen. Es ist jedoch festgestellt worden, daß verschiedene Metalle in SAP schneller diffundieren als unter gleichen Voraussetzungen in Reinstaluminium. Diese mit der besonderen Feinkörnigkeit und dem Zustand des Oxydanteiles im SAP zusammenhängende Tatsache kann u. U. nachteilig für die Verträglichkeit mit Uranmetall sein. Auch ist bisher nichts bekannt geworden über seine Korrosionsbeständigkeit

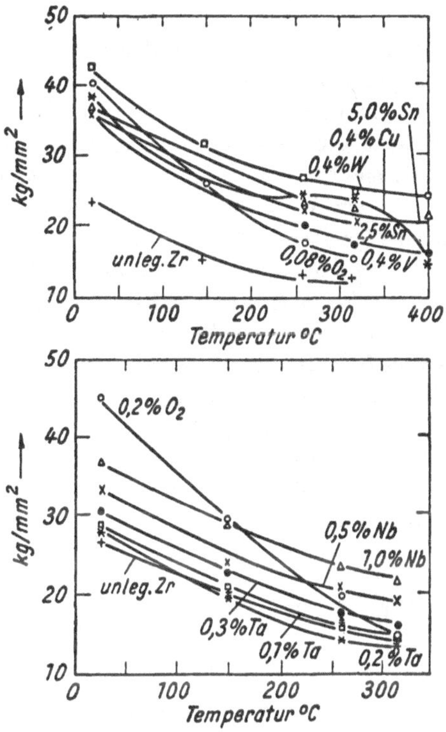

Abb. 7. Temperaturabhängigkeit der Zugfestigkeit von Zirkonium und Zirkoniumlegierungen
oben: geringer Hf-Gehalt; unten: hoher Hf-Gehalt
(nach Simcoe und Mudge)

in Wasser aller Temperaturen. Auch die Fragen der Verarbeitbarkeit einschließlich der Schweißbarkeit sind im Zusammenhang mit der Herstellung von Brennstoffelementen noch nicht gelöst worden.

Zirkonium, das besonders für Druckwasser-Reaktoren wichtige Hüllenmetall, spielte vor der Entwicklung der Atomindustrie eine recht untergeordnete Rolle. Heute wird dieses Metall und einige seiner Legierungen bereits in mehreren Ländern in großtechnischem Maßstab in nuklearreiner Qualität hergestellt. Die damit verbundenen Schwierigkeiten lagen vor allem in der Abtrennung des Hafniums (bis $< 0{,}01\,\%$) sowie in den erforderlichen Hochvakuumanlagen zum Erschmelzen gut verformbarer und hochtemperaturwasserbeständiger Qualitäten. In der DDR stehen wir hier erst am Anfang der technischen Entwicklung.

Die Festigkeitseigenschaften von reinem Zirkonium sind mäßig, können jedoch durch geringe Legierungsanteile heraufgesetzt werden (Abb. 7). Kalt- und Warmfestigkeit werden auch von geringen Sauerstoffgehalten beeinflußt. Von größter Bedeutung ist seine *ausgezeichnete Korrosionsbeständigkeit gegen Hochtemperaturwasser* bis in die Nähe der kritischen Temperatur. Auch diese Eigenschaft ist jedoch *empfindlich abhängig von bestimmten Begleitelementen*, und zwar um so mehr, je höher die Wassertemperatur ist. Die Skala der Korrosionsbeständigkeit bei $\geqq$ 300°C reicht z. B. von „völliger Zerfall nach Tagen“ bis „völlige Beständigkeit nach Monaten“. Ein Einsatz bei solchen Temperaturen im Reaktor ist deshalb sehr kritisch, falls nicht ausreichende Qualitäten zur Verfügung stehen. Eine gute Beständigkeit beruht auf der Ausbildung einer festhaftenden Oxydschicht, die zunächst nach einem parabolischen Gesetz aufwächst. Solange diese Schicht kompakt bleibt, verleiht sie dem Metall einen ausgezeichneten Schutz, reißt sie jedoch auf, so tritt an dieser Stelle eine rasche Zerstörung des Metalles ein, da eine neue schützende Schicht sich offenbar nicht mehr ausbilden kann. Dieser Vorgang wird im angelsächsischen Schrifttum „Breakaway“ genannt, tritt vornehmlich bei Wassertemperaturen von $\geqq$ 300° C auf und bestimmt somit entscheidend die Lebensdauer von Zirkonium unter diesen Bedingungen. Das „Breakaway“ wird besonders durch im Metall anwesende geringe Gehalte von Stickstoff und auch Kohlenstoff gefördert, man muß deshalb besonders deren zulässige Toleranz kennen und beherrschen. In Abb. 8 ist der Einfluß des Stickstoffes auf die Korro-

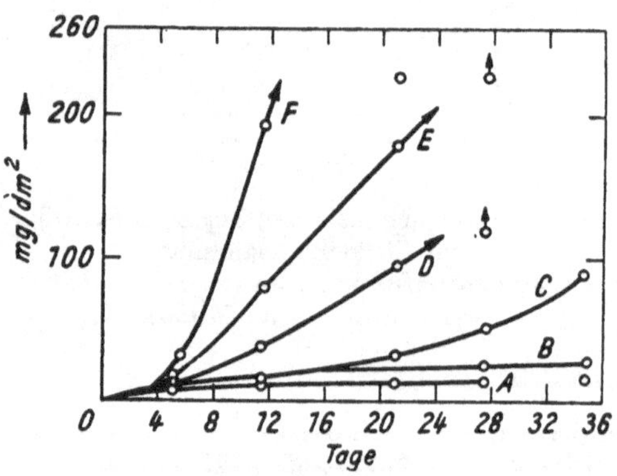

Abb. 8. Einfluß des Stickstoffgehaltes auf die Korrosionsbeständigkeit von kompaktem Zirkonium in Wasser von 330° C (nach Lustman). Pulvermetallurgisch hergestellte Proben

Stickstoffgehalte twa (in ppm)		Sollwert	Analyse		Sollwert	Analyse
	A	30	30	D	70	40
	B	40	30	E	80	90
	C	50	30	F	140	130

sionsgeschwindigkeit von Zirkonium in Wasser von ca. 330° C dargestellt und man erkennt, daß bei höheren N-Gehalten die Kurven der Gewichtszunahme sehr steil verlaufen. Die maximal zulässigen Verunreinigungen von Reaktorzirkonium sind in Tab. 2 zusammengestellt, wobei jedoch wohl noch nicht alle Werte als technisch gesichert anzusehen sind. Die Reinheitsforderungen sind natürlich auch abhängig von der Einsatztemperatur, die jedoch bei einer Möglichkeit lokaler Überhitzungen an den Brennstoffelementen mit der mittleren Wassertemperatur des Reaktors nicht gleichzusetzen ist.

TABELLE 2

Verunreinigungen in Reaktorzirkonium[1]) hinsichtlich seiner Beständigkeit gegen Druckwasser

N = 0,005 %	Al = 0,01 %
C = 0,04 %	Ti = 0,008 %
O = 0,5 %	Ca = 0,0025%
H = 0,005 %	Mg = 0,002 %
Cl = 0,0015%	Si = 0,002 %

[1]) nach: B. LUSTMAN u. F. KERZE; The Metallurgy of Zircoium, Mc Graw-Hill-Book Comp. 1955

Glücklicherweise sind bestimmte Legierungselemente, besonders Zinn, in der Lage, den *schädlichen Einfluß des Stickstoffes in gewissen Grenzen zu kompensieren.* So können z. B. bei Anwesenheit von 0,5% Sn, 0,02% N und bei 2% Sn 0,04 bis 0,06% N toleriert werden. Da jedoch Zinn selbst korrosionsfördernd wirkt, darf ein optimaler Gehalt nicht überschritten werden. Auf Grund dieser Erkenntnisse wurden *Zirkonium-Legierungen* mit z. B. 0,5—1,5% Sn und 0,25—0,40% Fe+Cr +Ni entwickelt (*Zircaloy-Legierungen*), die man heute dem reinen Zirkonium vielfach vorzieht, da sie für den Druckwasserreaktor eine größere Sicherheit darstellen. Bei den Bemühungen in der DDR um eine Herstellung von Zirkonium als Brennelement-Hüllenwerkstoff sollte man diese Ergebnisse des Auslandes berücksichtigen.

Schließlich sei bemerkt, daß die Geschwindigkeit des Angriffes besonders auf Zirkonium stark von dessen Oberflächenbeschaffenheit abhängig ist; auch werden Korrosionsvorgänge unter „Reaktorbedingungen" noch von einigen weiteren Faktoren beeinflußt, von denen der Gasgehalt (O_2 und H_2) des Wassers und dessen Strömungsgeschwindigkeit genannt seien. Bisher wenig untersucht wurde der Einfluß der Strahlung auf die stattfindenden Korrosionsprozesse; die hierüber zu findenden Bemerkungen und Daten sind uneinheitlich, und es sind sowohl fördernde als auch hemmende Wirkungen erwähnt worden. Wirklich entscheidende Beeinflussungen, die etwa ohne Strahlungseinwirkungen gewonnene Korrosionsdaten wertlos machen, wurden anscheinend nicht beobachtet. Es sei auch erwähnt, daß die abtragende Korrosion nicht nur hinsichtlich der Lebensdauer der Werkstoffe von Bedeutung ist, sondern auch im Hinblick auf die stets möglichst niedrig zu haltende Aktivität des 1. Kreislaufes, die durch mitgeführte, aktive Korrosionsprodukte stark beeinflußt werden kann.

Die Beständigkeit des Zirkoniums gegenüber Uran ist als ausreichend zu bezeichnen, da bei den kompakten Metallen unterhalb 600° C keinerlei Reaktion nachgewiesen werden kann.

Im folgenden sollen aus dem überaus großen Gebiet der Strahlenwirkungen noch einige Arbeitsrichtungen herausgegriffen werden, die von metallkundlichem oder physikalischem Interesse sind. Untersuchungen über die Einwirkung von Strahlung auf Materialien sind in verschiedener Hinsicht von Bedeutung. Für den Reaktorbau und -Betrieb steht naturgemäß das Studium von *Eigenschaftsänderungen der Spaltstoffe und Konstruktionswerkstoffe unter Neutroneneinwirkung* im Vordergrund, woraus letztlich Voraussagen über deren Lebensdauer gewonnen werden sollen. Die strahlenbedingten Veränderungen beim Uran wurden schon oben erörtert. In diesem Zusammenhang interessieren nicht nur die mechanisch-physikalischen Eigenschaften, sondern auch, wie ebenfalls erwähnt, etwaige Änderungen des Korrosionsverhaltens von Hüllenwerkstoffen. Strahlenbedingte Veränderungen können auch erwünscht sein, besonders wenn es gelingt, *definierte positive Eigenschaftsänderungen* zu erzielen. Das ist z. B. bei der β- und γ-Bestrahlung bestimmter Hochpolymerer der Fall. Außerdem können solche Untersuchungen eine rein physikalische Zielsetzung beinhalten, nämlich die quantitative *Beschreibung der Entstehung und Beseitigung von Strahlenschäden* und die Erforschung ihres Mechanismus, wobei schließlich vertiefte Erkenntnisse über den Feinbau der Materie gewonnen werden können.

Die Wirkungen der eingestrahlten Teilchen oder Quanten beruhen auf den verschiedenen Möglichkeiten der Übertragung von Energie. Neutronen sind vor allem durch Kernreaktionen oder | und Kernstöße, je nach ihrer Energie und dem bestrahlten Material, wirksam. Elektronen und γ-Strahlen geben im allgemeinen ihre Energie nur durch Anregung und Ionisation ab. Schwere geladene Teilchen vermögen nach beiden Mechanismen zu wirken. Als Ergebnis einer Strahlungseinwirkung können somit a) Fehlordnung (besonders nach FRENKEL), b) Fremdatome, c) Ionen, Radikale und angeregte Zustände bzw. deren Folgeprodukte vorliegen, je nach Strahlenart, -Energie und bestrahltem Material. In jedem Falle muß man beachten, daß die primär herausgeschlagenen Gitterbausteine oder angeregten Moleküle meist nur der Anfang einer Kette von Ereignissen sind, indem bei weiteren Atomen Platzwechsel hervorgerufen werden bzw. weitere chemische Umsetzungen stattfinden.

Die heute meist benutzte Vorstellung von z. B. der *Wirkung eines hochenergetischen Neutrons auf ein metallisches Gitter* stammen aus Rechnungen von F. SEITZ und Modellbetrachtungen von J. A. BRINKMAN (Abb. 9). Hiernach schlägt das Neutron entlang seiner Bahn eine größere Anzahl von Gitterbausteinen von ihren Plätzen, die ihrerseits sekundär, tertiär usw. wirksam sind. Entlang dieser Bahn sollen bei schweren Metallen Temperaturerhöhungen bis 10^4 Grad etwa 10^{-11} sec.

lang auftreten. Diese als „thermal spikes“ bezeichneten Störungsbereiche sind durch eine große Zahl von FRENKELdefekten charakterisiert. Zum Ende der Bahn hin steigt die Zahl der Zusammenstöße je Längeneinheit und somit auch die durchschnittliche Temperaturerhöhung je Volumenelement, was schließlich zum Überschreiten des Schmelzpunktes und zum Auftreten eines „displacement spike“ (Umlagerungsbereich) im Anschluß an den Störungsbereich führen soll. Diese Zone ist weitgehend frei von FRENKELdefekten, kann jedoch andere Störungen enthalten, wie sie in abgeschreckten Metallen zu erwarten sind, z. B. Stufenversetzungen. Diese sind, neben kleinen Mikrokriställchen anderer Orientierung, in Abb. 9 ebenfalls angedeutet. Das Verhältnis der Größe der beiden Bereiche steht

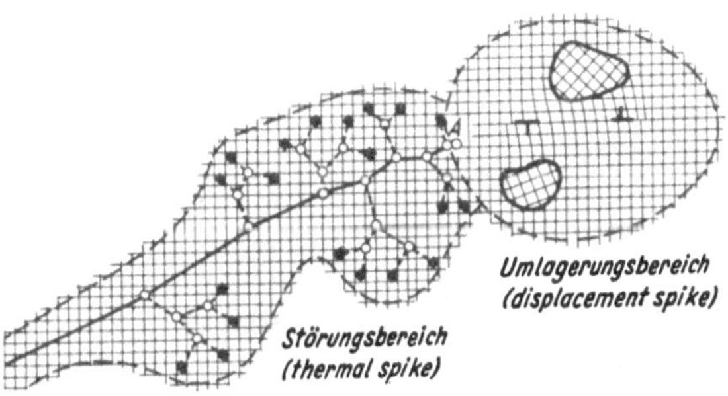

Abb. 9. Schematische Darstellung der Strahlenwirkung im zweidimensionalen Gitter (nach BRINKMAN)

im Zusammenhang mit dem Atomgewicht des betreffenden Elementes; bei schweren Elementen soll der Umlagerungsbereich dominieren, also der Hauptteil der FRENKELdefekte unter der Einwirkung der Strahlung wieder verschwinden bzw. gar nicht erst auftreten. Bei Kupfer kommt BRINKMAN zu einer Größe eines von 2 MeV-Neutronen hervorgerufenen Umlagerungsbereiches von $2 \cdot 10^4$ Atomen ≈ 75 Å Durchmesser. Bei leichten Elementen soll der Umlagerungsbereich weitgehend zurücktreten.

Diese Theorien harren noch einer umfassenden experimentellen Nachprüfung, die wegen ihres grundsätzlichen Charakters von großem Wert wäre. Es soll bisher gelungen sein, bei einer Cu–Fe-Legierung Gebiete vorübergehenden Schmelzens bei Protonenbestrahlung durch magnetische Messungen nachzuweisen. Geeignete Versuchsanordnungen (Folienpakete o. ä.) müßten gestatten, diese Umlagerungsbereiche anzureichern und nachzuweisen.

Im folgenden sei auf einige Phänomene der Strahlenwirkung bei Metallen hingewiesen. Nach Dosen von etwa 10^{18}—10^{20} n treten meist merkliche bis starke Härtungserscheinungen auf, d. h. Härte, Festigkeit und Streckgrenze nehmen zu, während die Dehnung und oft auch die Dichte abnehmen. Auch die Leitfähigkeitseigenschaften verändern sich in Richtung geringerer Werte. In Abb. 10 sind die Härteänderungen einiger Metalle nach Bestrahlung unter verschiedenen Bedingungen zusammengestellt. Aus ihnen ist z. B. zu erkennen, daß nur das weichgeglühte Metall größere Härteänderungen erleidet, während durch Kaltverformung vorgehärtete Proben weniger ansprechen. Die Verfestigung von

Metall	Bestrahlung Art	Bestrahlung Dosis	Temperatur in °C	Härte vor Bestrahlung	Härte nach Bestrahlung	Lit.*)
Cu weich	ε	$5 \cdot 10^{18}$	−20	Hp 44	48	(76)
Cu weich	n	gering	40	R_F 36	51	(12)
Cu hart	n	gering		identisch		(12)
Cu weich	n	$1{,}5 \cdot 10^{18}$	0—40	Hp 41	56	(168)
Cu weich	n	$5 \cdot 10^{19}$	40	R_F 43	90	(12)
Cu hart	n	$5 \cdot 10^{19}$		93	97	(12)
Mo weich	d	$1{,}6 \cdot 10^{13}$	—	K 158	177	(102)
Mo hart	d	$1{,}6 \cdot 10^{13}$	—	identisch		(102)
Ti	n	$3 \cdot 10^{19}$	280	57	61	(214) (215)
Ta	n	10^{19} 1;5 · 10^{19}s	280	R_A 49	57	(214) (215)
W	n	10^{19} 1;5 · 10^{19}s	280	fast ident.		(214) (215)

Hp Vickers-, R_A und R_F Rockwell-, K Knoop-Härte

Abb. 10. Härteänderung von Metallen durch Korpuskularbestrahlung (aus LINTNER und SCHMID — *) nach LINDNER u. SCHMID)

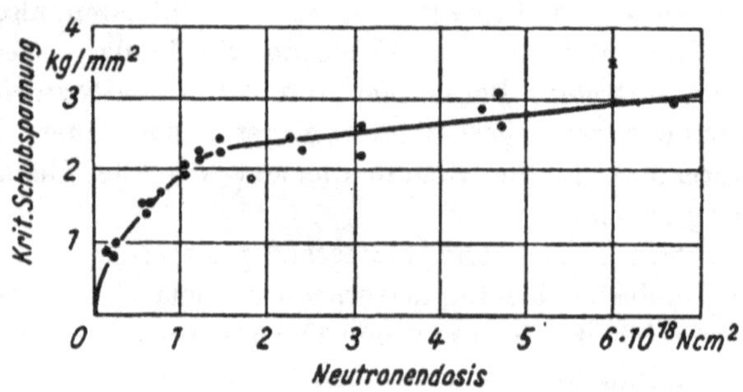

Abb. 11. Kritische Schubspannung von Kupferkristallen als Funktion der Strahlendosis (nach BLEMITT)

Kupferkristallen durch Korpuskularstrahlung ist auch aus dem in Abb. 11 erkennbaren starken Anstieg der kritischen Schubspannung zu entnehmen. Von unmittelbarem technischen Interesse sind in diesem Zusammenhang vor allem Untersuchungen im Hinblick auf die Versprödung der Werkstoffe, so daß neben den statischen Prüfungen Schlagfestigkeitsmessungen von besonderer Bedeutung sind (Abb. 12).

Einige Änderungen sind in mancher Hinsicht den durch Kaltverformung hervorgerufenen ähnlich, jedoch bestehen auch bedeutende Unterschiede. Zweifellos ist die Art der hervorgerufenen Gitterstörungen verschieden, was als Ursache z. B. für die beobachteten verschiedenartigen Erholungscharakteristiken aufgefaßt werden kann. Besonders an Kupfer ist festgestellt worden, daß die Erholung der elektrischen Leitfähigkeit nach Kaltverformung hinter derjenigen nach Bestrah-

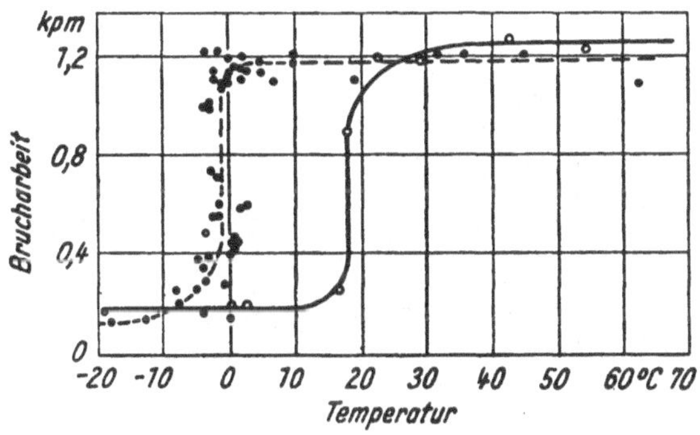

Abb. 12. Versprödung eines Kohlenstoffstahls (SA 1019) durch Deutronenbestrahlung (nach Schlagversuchen mit Schnadt-Proben nach MEYER) –•–•– unbestrahlt –○——○– bestrahlt

lung zurückbleibt, vor allem bei „höheren" Temperaturen. So zeigen bei 4° K bestrahltes und kaltverformtes Kupfer bis —80° C ähnliche Erholung, bei Raumtemperatur verbleiben jedoch im verformten Material noch 50%, im bestrahlten noch 25% der ursprünglichen Schäden.

Man erkennt hieraus gleichzeitig, daß zur Erfassung des gesamtmöglichen Umfanges der Beeinflussung *Untersuchungen bei sehr tiefen Temperaturen* vorgenommen werden müssen, da sonst schon während der Strahleneinwirkung bzw. Verformung die leicht ausheilbaren Störungen laufend beseitigt werden und sich der anschließenden Messung entziehen. Daß strahlungsbedingte Schäden bei manchen Metallen schon zwischen 20 und 50° K auszuheilen beginnen, wird in Abb. 13 dargestellt. Besonders bemerkenswert ist die Erholungskurve von Kupfer. Der kräftige Widerstandsabfall in diesem Temperaturbereich deutet auf eine große Zahl mit sehr geringer Aktivierungsenergie rekombinationsfähiger FRENKEL-defekte hin.

Die Erholungscharakteristiken sind erst bei einigen Metallen systematisch untersucht. Deren zeit- und temperaturabhängige Verfolgung und der Vergleich zu den analogen Vorgängen nach Kaltverformung in Abhängigkeit von den verschiedensten Parametern läßt weitere Aufschlüsse über die Natur der strahlenbedingten Schäden erwarten. Hier ergibt sich ein großes Gebiet systematischer Arbeit.

Von gleichermaßen technischer wie wissenschaftlicher Bedeutung ist das Gebiet der Strahlenwirkung auf Hochpolymere. Jeder Kunststoff erleidet nach jeweils verschieden großen Dosen (10^5—10^{10} r) Struktur- und Eigenschaftsänderungen, die auf ionisierende Wirkungen der Strahlung und die über Zwischenstufen darauffolgende Bildung freier Radikale zurückzuführen sind. Diese Vorgänge führen bei manchen Hochpolymeren zur Vernetzung, d. h. zur Bildung von Hauptvalenzbindungen zwischen den Kettenmolekülen, bei anderen zur Sprengung von Hauptketten oder zur Abspaltung von Seitenketten, also zum Abbau und zur Zerstörung. Mit der Bildung von Vernetzungen sind Eigenschafts-

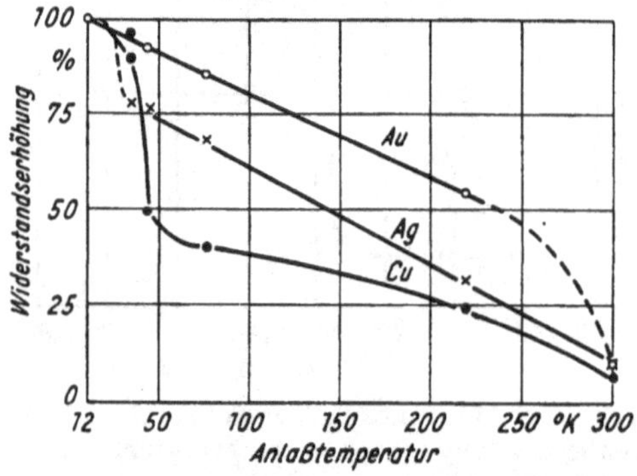

Abb. 13. Erholung Deuteronen-bestrahlter Metalle bei verschiedenen Anlaßtemperaturen (nach Cooper, Koehler und Marx)

änderungen verbunden, die für viele Zwecke als vorteilhaft anzusprechen sind. So wird mit steigender Dosis z. B. die Formbeständigkeit eines Thermoplastes bei höheren Temperaturen verbessert, indem die genügend vernetzten Bereiche am Schmelzvorgang nicht mehr teilnehmen und bei entsprechendem Vernetzungsgrad das ganze Material unschmelzbar wird. Ebenso werden Löslichkeit bzw. Quellbarkeit sowie die mechanischen Eigenschaften besonders bei höheren Temperaturen beeinflußt. Ein Beispiel der Wirkung beim besonders gut untersuchten Polyäthylen wird in Abb. 14 gezeigt. Die erhöhte Wärmebeständigkeit des bestrahlten Produktes hat im Ausland bereits zu einer industriellen Erzeugung von bestrahltem Polyäthylen („Irrathene") geführt.

Die strahlungsbedingte Vernetzung wird bei mehreren Hochpolymeren z. B. durch Sauerstoff ungünstig beeinflußt, da sich hierbei Peroxydbrücken bilden können, die weit weniger stabil sind als „direkte" Vernetzungen. Auch kann die Vernetzungsreaktion überhaupt behindert werden und somit schließlich der Abbau überwiegen. Das Studium von Bestrahlungswirkungen unter definierten und reproduzierbaren äußeren Einflüssen, die bisher häufig nicht genügend berücksichtigt worden sind, kann eine Deutung mancher uneinheitlicher Versuchsergebnisse herbeiführen. Die genaue Kenntnis des Verhaltens wichtiger Kunststoffe im Strahlungsfeld wird auch zur Klärung ihrer Einsatzmöglichkeiten für den Bau bestimmter Teile von Reaktoranlagen beitragen.

Es sei schließlich noch auf Wirkungen bei Halbleitern, wie Germanium, Silizium u. a. hingewiesen, die deswegen eine Sonderstellung einnehmen, weil auf Grund der starken Abhängigkeit ihrer Leitfähigkeit von der Fehlstellenkonzentration oder von anwesenden Fremdatomen schon Dosen von 10^{13}—10^{14} n/cm² größere Änderungen ergeben. Hier können sowohl schnelle als auch thermische Neutronen wirksam sein; die Veränderungen sind im ersten Falle thermisch aus-

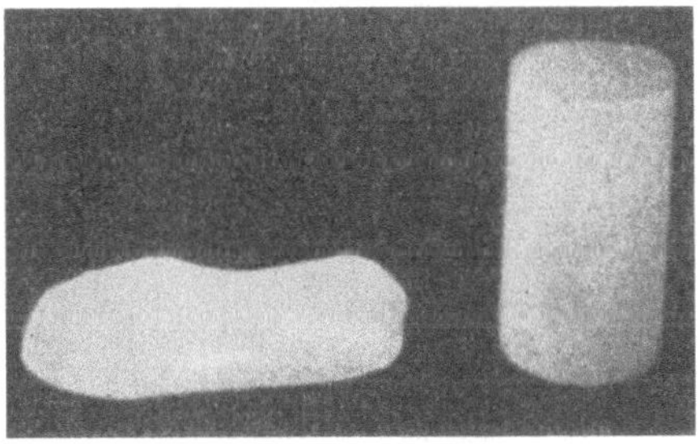

Abb. 14. Polyäthylen. Bedeutung von Bestrahlung für die Temperaturbeständigkeit. Die unbestrahlte Probe hat bei 120° C ihre Formfestigkeit verloren

heilbar, im zweiten nicht. Die Verfolgung von Leitfähigkeitsänderungen nach Einbau einer reproduzierbaren Zahl von FRENKELdefekten oder Fremdatomen liegt hier besonders nahe.

Strahlenwirkungen wurden bisher wohl an allen Stoffgruppen studiert, die Erörterung weiterer Beispiele ginge jedoch über den Rahmen dieser Ausführungen hinaus. Die intensive Bearbeitung dieses Gebietes im letzten Jahrzehnt wurde erst möglich durch den Bau von Reaktoren und auch Beschleunigern hoher Leistung sowie durch die Verfügbarkeit starker γ-Quellen.. Der Aufbau des ersten Kernreaktors in der DDR eröffnet uns dieses wichtige Forschungsgebiet. Es wird zusammen mit den im ersten Teil des Berichtes besprochenen Werkstoffproblemen eines der Arbeitsgebiete des Zentralinstitutes für Kernphysik sein, dessen praktische Bedeutung vor allem im Hinblick auf das künftige Kernenergieprogramm unseres Landes zu suchen ist.

Ein Thema für die ganze Welt

Die friedliche Ausnutzung der Atomenergie

AKADEMIE-VERLAG · BERLIN

Tagung der Akademie der Wissenschaften der UdSSR über die friedliche Ausnutzung der Atomenergie

1. bis 5. Juli 1955

5 Bände

(Übersetzung aus dem Russischen)

Das umfangreiche Werk enthält Vorträge, die auf der Tagung der Akademie der Wissenschaften der UdSSR über die friedliche Ausnutzung der Atomenergie vom 1. bis 5. Juli 1955 in Moskau gehalten wurden. Es handelt sich um Forschungs- und Entwicklungsarbeiten sowie deren Ergebnisse auf den Gebieten der experimentellen und theoretischen Kernphysik, der Technik, Chemie und Biologie im Zusammenhang mit dem Thema dieser Tagung. Die Vorträge stellen die erste umfassende Veröffentlichung sowjetischer Arbeiten auf dem Gebiet der friedlichen Ausnutzung der Atomenergie dar. Die historische Entwicklung der Kernphysik wird ebenfalls berücksichtigt. Die zahlreichen bedeutsamen Berichte decken sich inhaltlich in keiner Weise mit den später auf der Genfer Konferenz gebrachten Vorträgen. Sie vermitteln einen guten Überblick über den gegenwärtigen Stand der sowjetischen Forschung und Entwicklung für den Wissenschaftler und Techniker, der sich für die Aufgaben der vielseitigen friedlichen Ausnutzung der Atomforschung interessiert.

BAND I

Plenarsitzung

1957. VI, 85 Seiten – 36 Abbildungen – 36 einfarb. Tafeln – 1 Ausschlagtafel – 3 Tabellen – gr. 8° – Ganzleinen DM 7,50

BAND II

Sitzung der Abteilung Physik und Mathematik

1957. VII, 306 Seiten – 135 Abbildungen – 2 Kunstdrucktafeln – 1 Ausschlagtafel – 55 Tabellen – gr. 8° – Ganzleinen DM 29,50

BAND III

Sitzung der Abteilung Technik

1958. VII, 291 Seiten – 141 Abbildungen, dav. 12 auf 6 Tafeln – 4 Ausschlagtafeln – gr. 8° – Ganzleinen DM 26,50

BAND IV

Sitzung der Abteilung Chemie

1957. VI, 312 Seiten – 94 Abbildungen, davon 2 auf 2 Kunstdrucktafeln – 53 Tabellen – gr. 8° – Ganzleinen DM 29,50

BAND V

Sitzung der Abteilung Biologie

1957. VI, 266 Seiten – 91 Abbildungen – 21 Tafeln – 85 Tabellen – gr. 8° – Ganzleinen DM 26,50

BEZUGSMÖGLICHKEITEN

Sämtliche Veröffentlichungen unseres Verlages sind durch jede gute Buchhandlung zu beziehen

Falls keine Bezugsmöglichkeit durch eine Buchhandlung vorhanden ist, wenden Sie sich bitte

in der Deutschen Demokratischen Republik

an den Akademie-Verlag GmbH., Berlin W 8, Mohrenstraße 39,

in der Deutschen Bundesrepublik

an die Auslieferungsstelle, Firma KUNST UND WISSEN, Erich Bieber, Stuttgart N, Hospitalstraße 33 a,

bei Wohnsitz im Ausland

an den Deutschen Buch-Export und -Import, GmbH., Leipzig C 1, Postschließfach 276, oder direkt an den Verlag

Fotovervielfacher und ihre Anwendung in der Kernphysik

Von

Prof. Dr. WERNER HARTMANN

Dr. FRITZ BERNHARD

Die Schrift gibt einem breiten Kreis von Fachleuten, Ingenieuren und anderen Interessenten einen Überblick über die sich im Fotovervielfacher abspielenden Elementarprozesse und ihre Einflüsse auf seine Arbeitsweise als Szintillationszähler, als Meßinstrument für elementare Teilchen und Quanten. Der Fotovervielfacher ist bereits über 20 Jahre bekannt: dennoch kann man nicht behaupten, daß seine Anwendungsmöglichkeiten bereits ausgeschöpft sind. Zum anderen muß betont werden, daß sich unter Umständen bestimmte Aufgaben mit einer einfachen Fotozelle genauer als mit Vervielfachern lösen lassen.

1957. VIII, 188 Seiten – 113 Abbildungen – 12 Tabellen – gr. 8° – Ganzleinen DM 19,50

Grundlagen und Arbeitsmethoden der Kernphysik

Vortragsreihe veranstaltet von der Deutschen Akademie der Wissenschaften zu Berlin

Herausgegeben von Prof. Dr. GUSTAV HERTZ

Die Beiträge von HERTZ, MACKE und RICHTER machen den Leser mit den theoretischen Grundlagen und den experimentellen Tatsachen vertraut. WEISS, HARTMANN und BORN berichten über physikalische und chemische Arbeitsmethoden, die speziell für das Arbeiten mit radioaktiven Substanzen entwickelt worden sind. Die Kernreaktoren, welche die Grundlage für die Gewinnung von Kernenergie sowie für die Herstellung von radioaktiven Isotopen in größeren Mengen bilden, werden von BARWICH ausführlich besprochen. Die von LÖSCHE behandelte paramagnetische Kernresonanz bildet die Grundlage einer kernphysikalischen Meßmethode, welche in letzter Zeit als Hilfsmittel zur Erforschung der Struktur chemischer Verbindungen steigende Bedeutung erlangt hat.

1957. VIII, 279 Seiten – 154 Abbildungen – 24 Tabellen – gr. 8° – Ganzleinen DM 17,50

BESTELLZETTEL

Hierdurch bestelle/n ich/wir zur Lieferung durch die Buchhandlung

____

_____ Expl. Tagung der Akademie der Wissenschaften der UdSSR über die friedliche Ausnutzung der Atomenergie Band I, Band II, Band III, Band IV, Band V

_____ Expl. HARTMANN/BERNHARD, Fotovervielfacher

_____ Expl. HERTZ, Grundlagen und Arbeitsmethoden der Kernphysik

_____ Expl. FRENKEL, Prinzipien der Theorie der Atomkerne

_____ Expl. JOFFÉ, Halbleiter-Thermoelemente

_____ Expl. JOFFÉ, Physik der Halbleiter

Ort und Datum Name

Genaue Anschrift

Prinzipien der Theorie der Atomkerne

2. Auflage

Von J. I. FRENKEL

(Übersetzung aus dem Russischen)

In deutscher Sprache herausgegeben von Prof. Dr. JOSEF SCHINTLMEISTER

Das Buch ist die Übersetzung der zweiten Auflage des sowjetischen Werkes „Prinzipien der Theorie der Atomkerne“. Didaktisch geschickt aufgebaut, gibt es unter Verzicht auf Nebensächlichkeiten ein einprägsames Bild vom Bau und Verhalten der Atomkerne.

1957. XIII, 201 Seiten – 42 Abbildungen, davon 15 auf 7 Kunstdrucktafeln – gr. 8° – Ganzleinen DM 26,–

Halbleiter-Thermoelemente

Von A. F. JOFFÉ

(Übersetzung aus dem Russischen)

In deutscher Sprache herausgegeben von Dr. E. A. NIEKISCH

Nach einer leicht faßlichen Einführung über die zugrunde liegenden thermoelektrischen Effekte bringt der Verfasser konkrete Berechnungen über die energetischen Verhältnisse bei Halbleiter-Thermobatterien, sowie über die Auswahl der geeignetsten Materialien. Daneben werden viele weitere Fragen, wie die Kälteerzeugung mittels Halbleiter-Thermoelementen sowie auch einige andere technische Anwendungen (z. B. als Schallerzeuger oder ihre Verwendung bei der Kristallzüchtung und -reinigung), besprochen.

1957. VIII, 69 Seiten – 13 Abbildungen – 9 Tabellen – gr. 8° – DM 8,50

In Vorbereitung befindet sich:

Physik der Halbleiter

Von A. F. JOFFÉ

(Übersetzung aus dem Russischen)

In deutscher Sprache herausgegeben von JOACHIM AUTH

Etwa 448 Seiten – 155 Abbildungen – gr. 8° – Ganzleinen etwa DM 45,–

Tabellen der Atomkerne. Zwei Bände

Von Dr. WUNIBALD KUNZ Prof. Dr. JOSEF SCHINTLMEISTER

Band I erscheint wahrscheinlich im Herbst 1958

Ich/Wir interessiere/n mich/uns für folgende Fachgebiete:

- ○ **Mathematik / Physik / Astronomie**
- ○ **Chemie**
- ○ **Geologie / Mineralogie / Meteorologie**
- ○ **Geophysik**
- ○ **Biologie / Botanik / Zoologie**
- ○ **Medizin (Humanmedizin – Veterinärmedizin)***
- ○ **Land- und Forstwirtschaft**
- ○ **Maschinenwesen**
- ○ **Energiewesen**
- ○ **Elektrotechnik**
- ○ **Berg- und Hüttentechnik**
- ○ **Textiltechnik**
- ○ **Philosophie / Psychologie**
- ○ **Religionsgeschichte**
- ○ **Sprachwissenschaft (Klassik, Germanistik, Anglistik, Romanistik, Slawistik, Orientalistik, Finnisch-ugrisch)***
- ○ **Literaturwissenschaft**
- ○ **Kultur- und Geschichtswissenschaft**
- ○ **Rechts- und Staatswissenschaft**

und bitte/n um kostenlose Zusendung von Prospektmaterial.

*) Zutreffendes unterstreichen.

DRUCKSACHE

An den

AKADEMIE-VERLAG GMBH

Werbe-Abteilung

BERLIN W 8

Mohrenstraße 39

Bestellungen durch eine Buchhandlung erbeten

Ag 451/58/DDR/7500/82/2581 V/12/6 Printed in Germany

FSC
www.fsc.org
MIX
Papier | Fördert gute Waldnutzung
FSC® C083411

Zeitfracht Medien GmbH
Ferdinand-Jühlke-Straße 7
99095 Erfurt, Deutschland
produktsicherheit@kolibri360.de